PROJETO ÁPIS

EDUCAÇÃO INFANTIL

DANTE E NOEMI

MATEMÁTICA

DE ACORDO COM A BNCC

CB136946

LUIZ ROBERTO DANTE

- LIVRE-DOCENTE EM EDUCAÇÃO MATEMÁTICA PELA UNIVERSIDADE ESTADUAL PAULISTA "JÚLIO DE MESQUITA FILHO" (UNESP-SP), *CAMPUS* DE RIO CLARO
- DOUTOR EM PSICOLOGIA DA EDUCAÇÃO: ENSINO DA MATEMÁTICA PELA PONTIFÍCIA UNIVERSIDADE CATÓLICA DE SÃO PAULO (PUC-SP)
- MESTRE EM MATEMÁTICA PELA UNIVERSIDADE DE SÃO PAULO (USP)
- LICENCIADO EM MATEMÁTICA PELA UNESP-SP, RIO CLARO
- PESQUISADOR EM ENSINO E APRENDIZAGEM DA MATEMÁTICA PELA UNESP-SP, RIO CLARO
- EX-PROFESSOR DO ENSINO FUNDAMENTAL E DO ENSINO MÉDIO NA REDE PÚBLICA DE ENSINO
- AUTOR DE LIVROS PARA A EDUCAÇÃO BÁSICA

NOEMI BIANCHINI

- DOUTORA EM SOCIOLOGIA DA EDUCAÇÃO PELO PROGRAMA EDUCAÇÃO, HISTÓRIA, POLÍTICA E SOCIEDADE DA PONTIFÍCIA UNIVERSIDADE CATÓLICA DE SÃO PAULO (PUC-SP)
- MESTRA EM EDUCAÇÃO ESCOLAR PELA UNIVERSIDADE ESTADUAL PAULISTA "JÚLIO DE MESQUITA FILHO" (UNESP-SP), *CAMPUS* DE ARARAQUARA
- PÓS-GRADUADA EM TEORIA E CRÍTICA LITERÁRIA PELA UNESP-SP, ARARAQUARA
- LICENCIADA EM LETRAS E PEDAGOGIA PELA FACULDADE DE FILOSOFIA, CIÊNCIAS E LETRAS DE ARARAS (FFCLA)
- EXPERIÊNCIA COMO SUPERVISORA E COORDENADORA DE CONTEÚDOS PARA CURSOS DE FORMAÇÃO DE PROFESSORES
- EX-PROFESSORA DOS CURSOS DE GRADUAÇÃO E PÓS-GRADUAÇÃO NAS ÁREAS DE CURRÍCULO, LEGISLAÇÃO, GESTÃO E ALFABETIZAÇÃO
- EX-PROFESSORA DO ENSINO FUNDAMENTAL E DO ENSINO MÉDIO NAS REDES PÚBLICA E PARTICULAR DE ENSINO

3

editora ática

editora ática

Presidência: Mario Ghio Júnior
Direção de soluções educacionais: Camila Montero Vaz Cardoso
Direção editorial: Lidiane Vivaldini Olo
Gerência editorial: Viviane Carpegiani
Gestão de área: Ronaldo Rocha
Edição: Luana Fernandes de Souza (edit.) e Darlene Fernandes Escribano (assist.)
Planejamento e controle de produção: Flávio Matuguma, Juliana Batista, Felipe Nogueira e Juliana Gonçalves
Revisão: Kátia Scaff Marques (coord.), Brenda T. M. Morais, Claudia Virgilio, Daniela Lima, Malvina Tomáz e Ricardo Miyake
Arte: André Gomes Vitale (ger.), Catherine Saori Ishihara (coord.), Andréa Dellamagna e Kleber de Messas (edição de arte)
Diagramação: R2 Editorial
Iconografia e tratamento de imagem: André Gomes Vitale (ger.), Claudia Bertolazzi e Denise Durand Kremer (coord.), Tempo Composto (pesquisa iconográfica), Fernanda Crevin (tratamento de imagens)
Licenciamento de conteúdos de terceiros: Roberta Bento (ger.), Jenis Oh (coord.), Liliane Rodrigues, Flávia Zambon e Raísa Maris Reina (analistas de licenciamento)
Ilustração: Estúdio Ornitorrinco
Cartografia: Eric Fuzii (coord.) e Robson Rosendo da Rocha
Design: Erik Taketa (coord.) e Talita Guedes (proj. gráfico e capa)
Projeto gráfico: Estúdio Apis Design
Ilustração de capa: Barlavento Estúdio Criativo

Avenida Paulista, 901, 6º andar – Bela Vista
São Paulo – SP – CEP 01310-200
http://www.somoseducacao.com.br

Dados Internacionais de Catalogação na Publicação (CIP)

Dante, Luiz Roberto
Projeto Ápis : Educação infantil : Matemática : volume 1 ao 3 / Luiz Roberto Dante, Noemi Bianchini. -- 2. ed. -- São Paulo : Ática, 2020.
(Projeto Ápis ; vol. 1 ao 3)

Bibliografia

1. Educação infantil 2. Matemática - Educação infantil I. Título II. Bianchini, Noemi III. Série

20-1428 CDD 372

Angélica Ilacqua - Bibliotecária - CRB-8/7057

2025
Código da obra CL 750425
CAE 721317 (AL) / 721318 (PR)
ISBN 9788508195886 (AL)
ISBN 9788508195893 (PR)
2ª edição
9ª impressão
De acordo com a BNCC.

Impressão e acabamento: Forma Certa Gráfica Digital

Código da OP: 263461.

Uma publicação SOMOS EDUCAÇÃO

Estúdio Ornitorrinco/Arquivo da editora

A **COLEÇÃO ÁPIS EDUCAÇÃO INFANTIL** CHEGA ATÉ VOCÊ TRAZENDO MUITO APRENDIZADO!

COM UMA LINGUAGEM SIMPLES E ATRAENTE, OS CONTEÚDOS ACOMPANHAM SUA EVOLUÇÃO E SEU DESENVOLVIMENTO.

COMPARTILHE, APRENDA E DIVIRTA-SE!

DANTE E NOEMI

CONHEÇA SEU LIVRO

ESTA É A **TURMA DO YURI**, QUE VAI ACOMPANHAR VOCÊ DURANTE O ANO TODO.

Estúdio Ornitorrinco/
Arquivo da editora

MATERIAL DE APOIO

SEMPRE QUE VOCÊ ENCONTRAR ESTE ÍCONE SIGNIFICA QUE **HÁ PEÇAS E FIGURAS A SEREM DESTACADAS** NO FINAL DO LIVRO.

SUGESTÃO DE...

TODA VEZ QUE APARECER O BOXE **SUGESTÃO DE...** VOCÊ VAI ENCONTRAR INDICAÇÕES DE MATERIAIS QUE COMPLEMENTAM OS TEMAS TRABALHADOS NO LIVRO, AMPLIANDO SEU APRENDIZADO!

- ESTAS SÃO AS SEÇÕES DE SEU LIVRO:

AS **ABERTURAS DE UNIDADE** INTRODUZEM O TEMA.

NA SEÇÃO **HORA DO JOGO E DA BRINCADEIRA**, VOCÊ RETOMA OS CONCEITOS TRABALHADOS COM ATIVIDADES LÚDICAS E JOGOS QUE TORNAM SEU APRENDIZADO MUITO MAIS DIVERTIDO!

A SEÇÃO **VAMOS CRIAR?** DESAFIA VOCÊ A USAR A IMAGINAÇÃO E A CRIATIVIDADE PARA PENSAR SOLUÇÕES, PRODUZIR E APRENDER MUITO!

Estúdio Ornitorrinco/
Arquivo da editora

SUMÁRIO

UNIDADE 1

PESSOAS E LUGARES..7

UNIDADE 2

A ESCOLA É DIVERTIDA! 41

SUMÁRIO

UNIDADE 3

CUIDANDO DA NATUREZA 75

UNIDADE 4

APRENDER É DIVERTIDO! 111

MATERIAL DE APOIO

Estúdio Ornitorrinco/
Arquivo da editora

UNIDADE 1

PESSOAS E LUGARES

Estúdio Ornitorrinco/Arquivo da editora

VOCÊ JÁ OBSERVOU QUE AS EMBALAGENS POSSUEM DIFERENTES FORMATOS?

FORMANDO GRUPOS COM A TURMA DE YURI

MATERIAL DE APOIO

VAMOS FORMAR GRUPOS COM A TURMA DE YURI?

DESTAQUE AS FIGURAS DA **PÁGINA 3**. COLE AS FIGURAS NOS ESPAÇOS ABAIXO SEGUINDO AS INDICAÇÕES.

- EM UM GRUPO FICAM AS MENINAS E, NO OUTRO, OS MENINOS:

- AGORA, DEVEM SER 3 GRUPOS. AGRUPE AS CRIANÇAS PELA COR DAS CAMISETAS.

- DESTA VEZ, VOCÊ ESCOLHE COMO AGRUPAR AS CRIANÇAS E PODE FORMAR 2 GRUPOS OU MAIS.

NOMES DOS AMIGOS DA TURMA DE YURI

VEJA COMO SE ESCREVE O NOME YURI E DE AMIGOS DA TURMA DELE.

Estúdio Ornitorrinco/Arquivo da editora

YURI
GABRIEL
IARA
ISA
JOÃO
LUCA
MARIANA
NINA
NUNO
PEDRO

- QUANTAS CRIANÇAS HÁ NA TURMA DE YURI? ☐
- QUANTAS CRIANÇAS **NÃO** ESTÃO SENTADAS? ☐
- MARQUE ✕ NO LIVRO MAIS GROSSO DA ESTANTE.

- CONTE E MARQUE ✕ NOS 2 NOMES QUE TÊM MAIS LETRAS.
- CONTE E MARQUE ○ NO NOME QUE TEM MENOS LETRAS.

QUANTAS LETRAS TEM O NOME QUE VOCÊ MARCOU? ☐

O QUARTO DE GABRIEL É ORGANIZADO?

VEJA COMO O GUARDA-ROUPA DE GABRIEL É ARRUMADO!

Estúdio Ornitorrinco/Arquivo da editora

- COMO SERÁ QUE GABRIEL PENSOU PARA ARRUMAR ASSIM O GUARDA-ROUPA DELE?
- VOCÊ ARRUMARIA DIFERENTE? EXPLIQUE PARA A TURMA COMO FARIA.
- VOCÊ TAMBÉM MANTÉM SEU GUARDA-ROUPA ASSIM, BEM-ARRUMADO?

PAIS E AVÓS DE NUNO

A MÃE DE NUNO INDICOU EM UMA FOTO ALGUMAS PESSOAS DA FAMÍLIA.

Estúdio Omitorrinco/Arquivo da editora

- O QUE MOSTRA A IMAGEM ACIMA?
- O QUE SIGNIFICA AVÔ MATERNO?
- O QUE NUNO É DE CADA UM DE SEUS AVÓS?

OS TIOS DE YURI

ESTES SÃO OS TIOS DE YURI. SEMPRE QUE POSSÍVEL, YURI VAI COM OS PAIS VISITAR OS TIOS DELE.

Estúdio Ornitorrinco/Arquivo da editora

- NESSA CENA, CONTORNE DE **ROXO** A PESSOA MAIS ALTA E DE **LARANJA** A PESSOA MAIS BAIXA.
- MARQUE ✕ NO PORTA-RETRATOS MENOR.
- MARQUE ○ NO PORTA-RETRATOS QUE TEM MOLDURA MAIS LARGA.

SEQUÊNCIA DOS NÚMEROS DE 0 A 10

- COMPLETE A SEQUÊNCIA COM OS NÚMEROS QUE FALTAM E PINTE OS QUADRINHOS PARA REPRESENTAR AS QUANTIDADES INDICADAS.

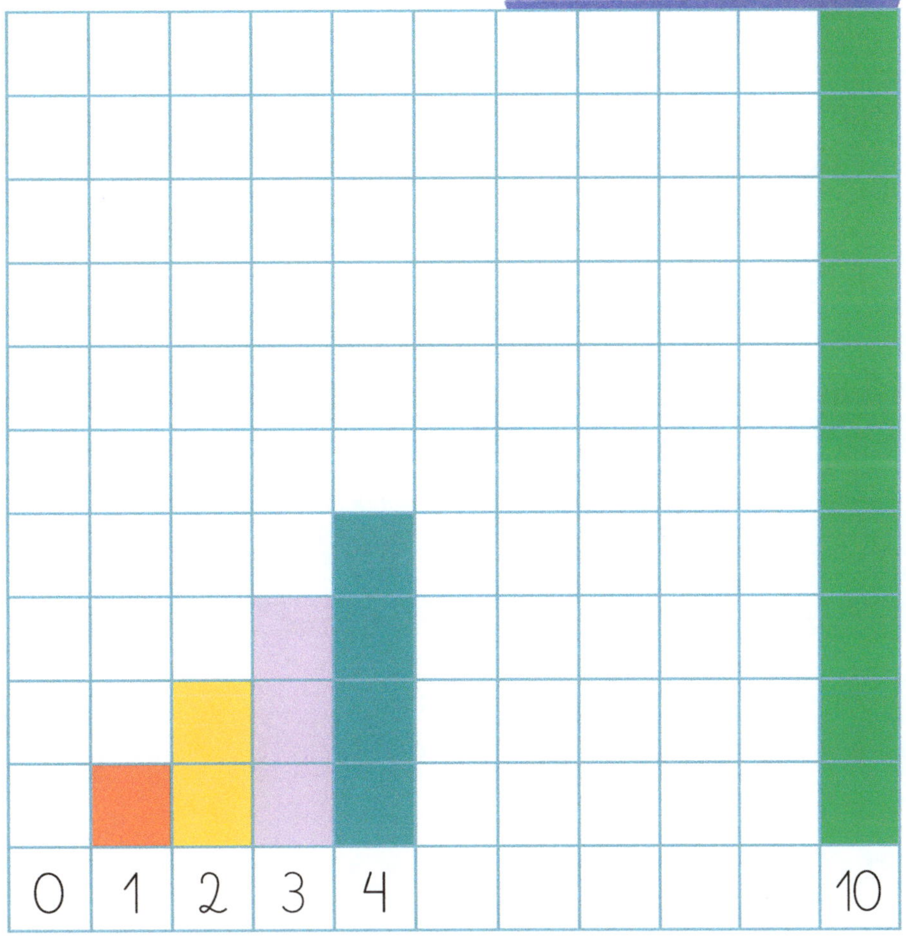

- COMPLETE O QUADRO. PARA ISSO, RESPONDA AO QUE MARIANA ESTÁ PERGUNTANDO.

1	2	3
	6	
	4	
	7	
	5	
	8	
	1	

OS PRESENTES DA PRIMA DE YURI

NO ANIVERSÁRIO DE YURI, ELE GANHOU LIVROS DE COLORIR E GIZES DE CERA DA PRIMA DELE.

Estúdio Ornitorrinco/Arquivo da editora

- PINTE DE **LARANJA** A CAPA DO LIVRO MAIS GROSSO E DE **VERDE** A CAPA DO LIVRO MAIS FINO.
- CONTORNE DE **VERMELHO** OS GIZES DE CERA MAIS FINOS.
- CONTORNE DE **AZUL** OS GIZES DE CERA MAIS GROSSOS.

AS FAMÍLIAS DOS AMIGOS DE YURI

ESTAS SÃO AS PESSOAS QUE FORMAM AS FAMÍLIAS DOS AMIGOS DE YURI.
OBSERVE O GRUPO DE CADA QUADRO.

Ilustrações: Estúdio Ornitorrinco/Arquivo da editora

- QUANTAS PESSOAS HÁ NO GRUPO COM MAIS PESSOAS? ☐
- MARQUE ✕ NOS GRUPOS COM A MESMA QUANTIDADE DE PESSOAS.
- MARQUE ○ NO GRUPO QUE TEM EXATAMENTE 3 PESSOAS.

SUGESTÃO DE LIVRO

Reprodução/Panda Books

O LIVRO DA FAMÍLIA, DE TODD PARR. SÃO PAULO: PANDA BOOKS, 2003.

CONTORNAR UMA LATA

LUÍS CONTORNOU UMA LATA E RECORTOU O DESENHO FORMADO NO PAPEL.

Fernando Favoretto/Criar Imagem

- MARQUE AS CENAS COM 1º, 2º E 3º PARA INDICAR A ORDEM EM QUE ACONTECERAM.
- CONVERSE COM OS COLEGAS E JUSTIFIQUE A SEQUÊNCIA ESCOLHIDA.

BRINCANDO COM DADOS

FAÇA O QUE É PEDIDO EM CADA SITUAÇÃO. GANHA QUEM FIZER MAIS PONTOS.

- MARQUE X NO NOME DE QUEM GANHOU.

ISA YURI

- PINTE O NOME DO VENCEDOR.

NINA YURI

- CONTORNE O NOME DE QUEM PERDEU.

NINA JOÃO

- CONVERSE COM OS COLEGAS SOBRE O QUE ACONTECEU NESTA JOGADA.

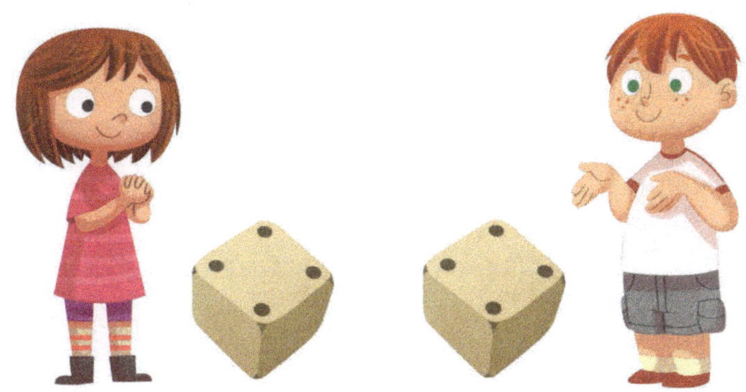

ISA JOÃO

Ilustrações: Estúdio Ornitorrinco/Arquivo da editora

VAMOS PINTAR

IARA ESTÁ DORMINDO.

Estúdio Omitorrinco/Arquivo da editora

OBSERVE AS FIGURAS QUE APARECEM NO SONHO DELA.

- NESSA CENA, PINTE AS FIGURAS USANDO A MESMA COR DOS SÓLIDOS GEOMÉTRICOS REPRESENTADOS ABAIXO.

SABOR PREFERIDO DE TAPIOCA

VAMOS FAZER UMA PESQUISA PARA DESCOBRIR QUAL É O SABOR FAVORITO DE TAPIOCA: CHOCOLATE COM MORANGO, DOCE DE LEITE COM BANANA OU BRIGADEIRO DE LEITE CONDENSADO?

- PERGUNTE A 10 COLEGAS DA TURMA DE QUAL DESSES SABORES ELES GOSTAM MAIS. CADA COLEGA DEVE ESCOLHER APENAS UM SABOR E VOTAR UMA VEZ.

Imagens: Marcelo_Krelling/Shutterstock

- PARA REPRESENTAR CADA RESPOSTA DOS COLEGAS, PINTE 1 QUADRINHO DOS QUE ESTÃO NA LINHA AO LADO DA FOTO QUE MOSTRA A TAPIOCA ESCOLHIDA.
- AGORA, RESPONDA: QUAL FOI O SABOR MAIS VOTADO? MARQUE X.

- QUAL FOI O SABOR MENOS VOTADO? MARQUE X.

SUCO DE LARANJA NA CASA DE LUCA

LUCA CONVIDOU TODA A TURMA PARA BRINCAR NA CASA DELE.
A MÃE DE LUCA FEZ SUCO DE LARANJA PARA TODOS.
VEJA QUANTOS COPOS A MÃE DE LUCA ENCHEU COM UMA JARRA DE SUCO.

- E SE A MÃE DE LUCA SERVIR 2 JARRAS DESSA DE SUCO? CONTORNE OS COPOS QUE ELA VAI PODER ENCHER.

- E COM 3 JARRAS DESSA, QUANTOS COPOS ELA ENCHERÁ? CONTORNE OS COPOS QUE PODERÃO SER ENCHIDOS COM SUCO.

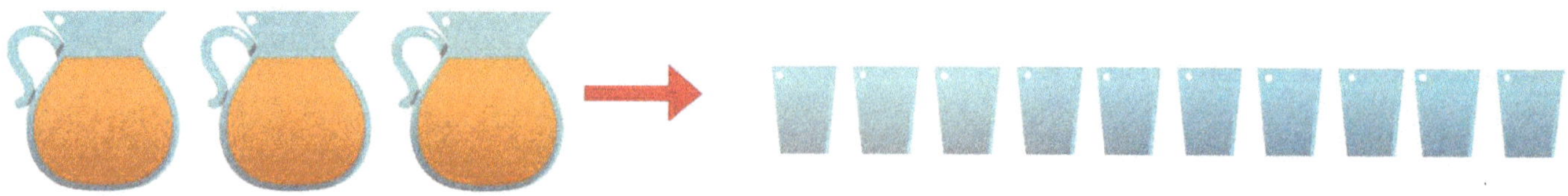

Ilustrações: Estúdio Ornitorrinco/ Arquivo da editora

AGORA, COMPLETE COM NÚMEROS:

- COM 1 JARRA DE SUCO É POSSÍVEL ENCHER ☐ COPOS.
- COM 2 JARRAS DE SUCO É POSSÍVEL ENCHER ☐ COPOS.
- COM 3 JARRAS DE SUCO É POSSÍVEL ENCHER ☐ COPOS.

APRESENTAÇÃO DE CAPOEIRA

MARIANA VIU NA INTERNET ESTA FOTO DE UMA APRESENTAÇÃO DE CAPOEIRA QUE ACONTECEU NO BAIRRO DE AMARALANA, NA CIDADE DE SALVADOR, BAHIA, EM JANEIRO DE 2019.

Sergio Pedreira/Pulsar Imagens

- QUANTAS PESSOAS HÁ NESSA IMAGEM? ☐

MESMO SENTIDO E SENTIDOS CONTRÁRIOS

NA RUA ONDE MORA GABRIEL, AS CRIANÇAS ESTÃO PARTICIPANDO DE UM PASSEIO DE BICICLETA.

Ilustrações: Estúdio Ornitorrinco/Arquivo da editora

GABRIEL E YURI ESTÃO PEDALANDO NO MESMO SENTIDO.

ISA E JOÃO ESTÃO PEDALANDO EM SENTIDOS CONTRÁRIOS.

MATERIAL DE APOIO

- DESTAQUE AS FIGURAS DA **PÁGINA 3**.
- COLE NOS QUADROS AS FIGURAS. DEPOIS, RESPONDA: PEDRO E LUCA ESTÃO ANDANDO DE BICICLETA NO MESMO SENTIDO OU EM SENTIDOS CONTRÁRIOS?

PRÉDIO CHEIO

REGRAS

1. ESCOLHA 2 COLEGAS PARA JOGAR COM VOCÊ.
2. DECIDAM NO "2 OU 1" QUEM INICIA O JOGO.
3. O PRIMEIRO JOGA O DADO E PINTA NO PRÓPRIO LIVRO A QUANTIDADE DE JANELAS DE ACORDO COM O NÚMERO SORTEADO.
4. O SEGUNDO E O TERCEIRO PARTICIPANTES REPETEM ESSE PROCEDIMENTO, CADA UM NO SEU LIVRO.
5. VENCE O JOGO O PRIMEIRO PARTICIPANTE QUE PINTAR TODAS AS JANELAS.

Estúdio Ornitorrinco/Arquivo da editora

CARROS NA AVENIDA E CRIANÇAS NO PARQUE

- PINTE OS CARROS QUE ESTÃO NO MESMO SENTIDO DA SETA DA PLACA.

- AGORA, PINTE AS ROUPAS DAS CRIANÇAS QUE ESTÃO CORRENDO EM SENTIDO CONTRÁRIO AO DA SETA DA PLACA.

Ilustrações: Estúdio Ornitorrinco/Arquivo da editora

ALGUNS OBJETOS DA CASA DE NUNO

OBSERVE ALGUNS OBJETOS QUE HÁ NA CASA DE NUNO.

FocusStocker/Shutterstock

Vit Rejchrt/Shutterstock

design56/Shutterstock

Giedriusok/Shutterstock

Prophotoo/Shutterstock

S_L/Shutterstock

- QUE SÓLIDO GEOMÉTRICO CADA UM DESSES OBJETOS LEMBRA? PARA CADA RESPOSTA, PINTE 1 QUADRINHO AO LADO DO SÓLIDO GEOMÉTRICO CORRESPONDENTE.

Ilustrações: Estúdio Ornitorrinco/Arquivo da editora

- QUANTOS OBJETOS LEMBRAM CADA SÓLIDO GEOMÉTRICO? CONTE OS QUADRINHOS PINTADOS EM CADA CASO E ESCREVA O NÚMERO QUE INDICA CADA QUANTIDADE.

VAMOS AJUDAR NINA?

NINA VAI ORGANIZAR NESTAS PRATELEIRAS OS OBJETOS QUE ESTÃO ESPALHADOS.

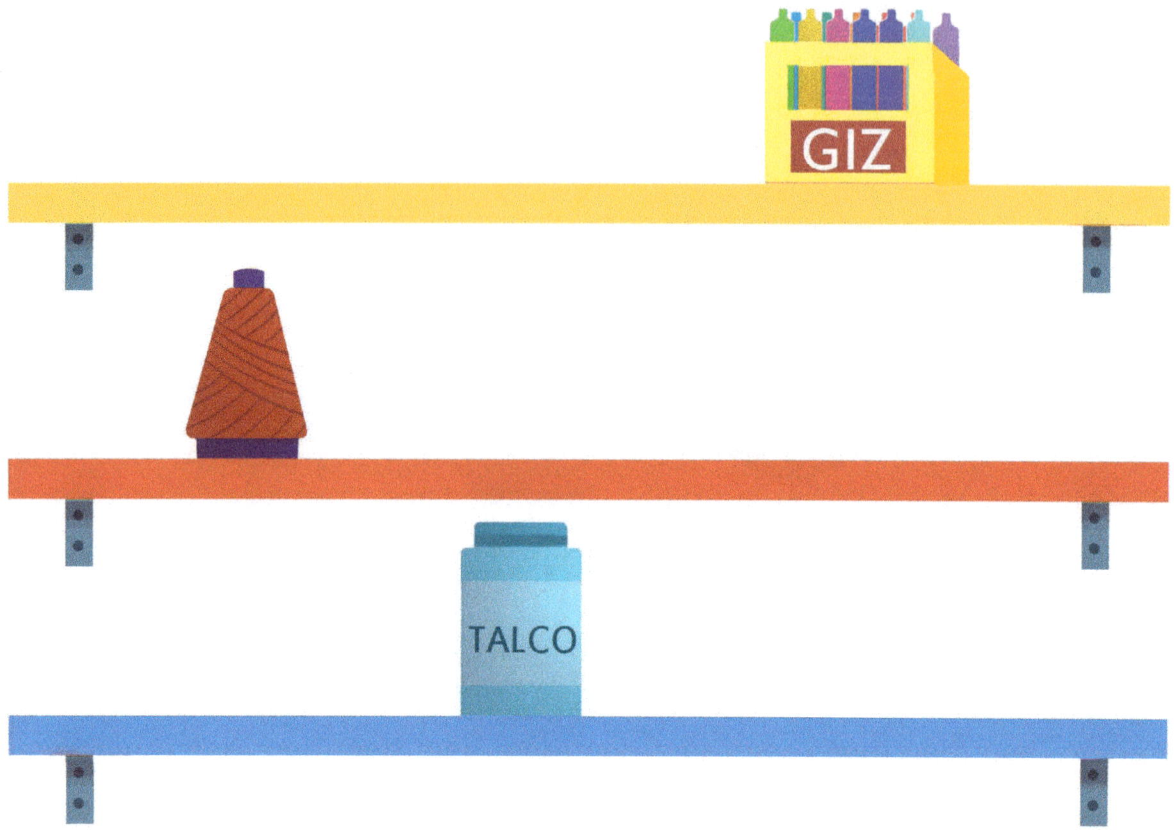

Ilustrações: Estúdio Ornitorrinco/Arquivo da editora

EM CADA PRATELEIRA, ELA VAI COLOCAR APENAS OS OBJETOS QUE TÊM O MESMO FORMATO.

- PINTE CADA OBJETO COM A COR DA PRATELEIRA ONDE ELE DEVE SER COLOCADO.

OBJETOS COM O MESMO FORMATO

- LIGUE OS OBJETOS QUE TÊM O MESMO FORMATO.

Rost9/Shutterstock

JOAT/Shutterstock

New Africa/Shutterstock

Yuri Samsonov/Shutterstock

Kapustin Igor/Shutterstock

Dmitry Melnikov/Shutterstock

Dima Moroz/Shutterstock

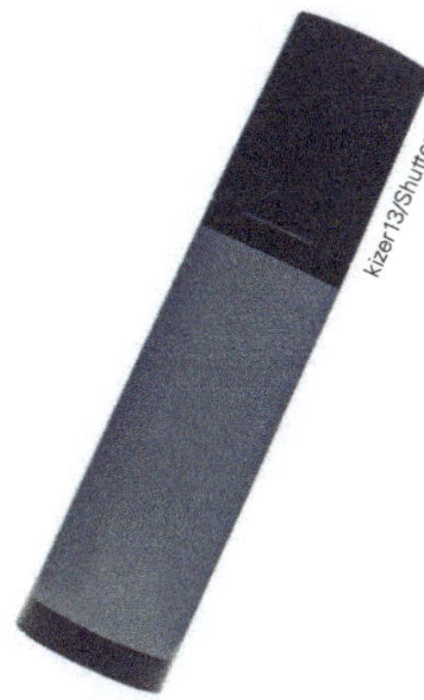

kizer13/Shutterstock

CADA PRODUTO NA CESTA CORRETA

YURI FEZ COMPRAS COM O PAI E A MÃE DELE. VAMOS ORGANIZAR OS PRODUTOS NA CESTA CORRETA?

- LIGUE CADA PRODUTO COM A CESTA CORRETA: OS ALIMENTOS DEVEM FICAR NA CESTA **AMARELA**; AS ROUPAS, NA **VERMELHA**; E O MATERIAL ESCOLAR, NA **VERDE**.

Ilustrações: Estúdio Ornitorrinco/ Arquivo da editora

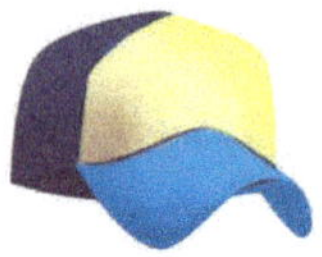
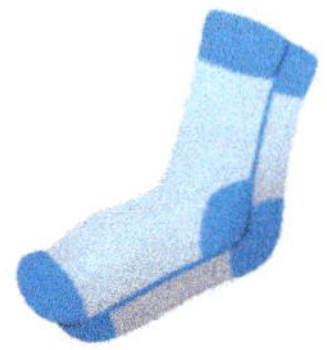

Maxx-Studio/Shutterstock

Holy Polygon/Shutterstock

New Africa/Shutterstock

RECICLAR É IMPORTANTE!

EM MUITOS LUGARES, COMO PARQUES, ESTAÇÕES DE TREM, ETC., VEMOS RECIPIENTES PARA DESCARTAR LIXO RECICLÁVEL.

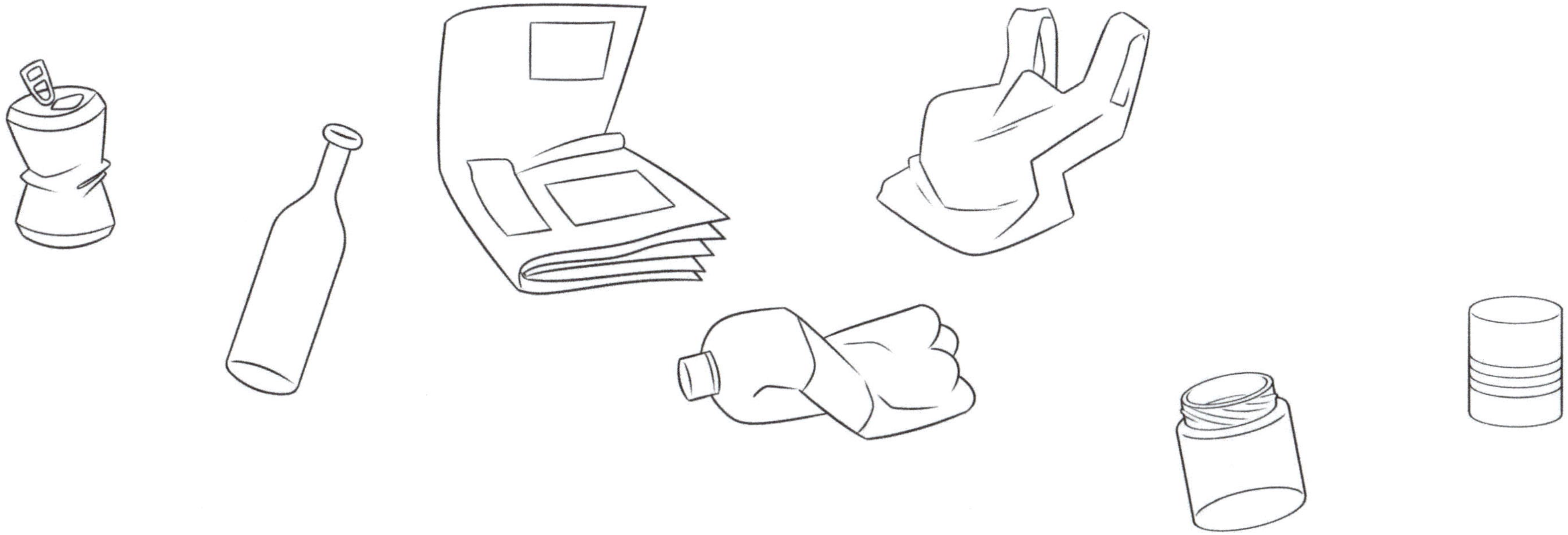

Ilustrações: Estúdio Ornitorrinco/Arquivo da editora

- PINTE CADA LIXO RECICLÁVEL COM A MESMA COR DO RECIPIENTE EM QUE ELE DEVE SER DESCARTADO.
- QUANTOS OBJETOS VOCÊ COLORIU? ▢

OBSERVAR É PRECISO

NA CASA DE IARA, HÁ UM GATO QUE NÃO PARA QUIETO. ELE GOSTA DE BRINCAR NA CADEIRA. OBSERVE COM ATENÇÃO AS ILUSTRAÇÕES A SEGUIR.

Ilustrações: Estúdio Ornitorrinco/ Arquivo da editora

- CONTORNE OS DESENHOS EM QUE O GATO ESTÁ NA MESMA POSIÇÃO.
- MARQUE ✕ NO GATO QUE ESTÁ NA FRENTE DA CADEIRA.
- MARQUE ○ NO GATO QUE ESTÁ ATRÁS DA CADEIRA.
- QUANTAS CADEIRAS ESTÃO ILUSTRADAS NESTA PÁGINA? ☐

DA PIRÂMIDE AO TRIÂNGULO

NA ESCOLA, JÚLIO CONTORNOU UM OBJETO COM FORMATO DE PIRÂMIDE E DEPOIS COLORIU O DESENHO FEITO NO PAPEL.

- MARQUE AS CENAS COM 1º, 2º E 3º PARA INDICAR A ORDEM EM QUE ACONTECERAM.

Imagens: Fernando Favoretto/Criar Imagem

- CONVERSE COM OS COLEGAS E JUSTIFIQUE A SEQUÊNCIA ESCOLHIDA.

MEDINDO COM APONTADORES

NINA USOU APONTADORES PARA MEDIR ALGUNS OBJETOS DA ESCOLA.

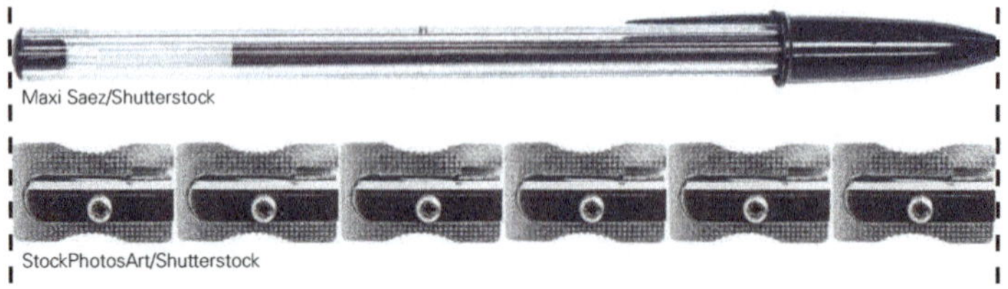

Maxi Saez/Shutterstock

StockPhotosArt/Shutterstock

StockPhotosArt/Shutterstock

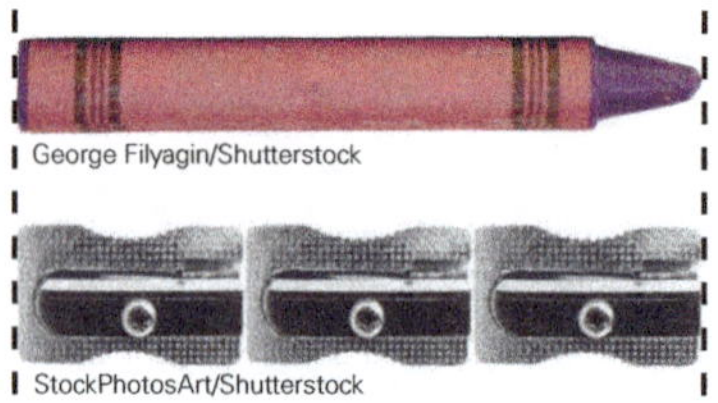

George Filyagin/Shutterstock

StockPhotosArt/Shutterstock

StockPhotosArt/Shutterstock

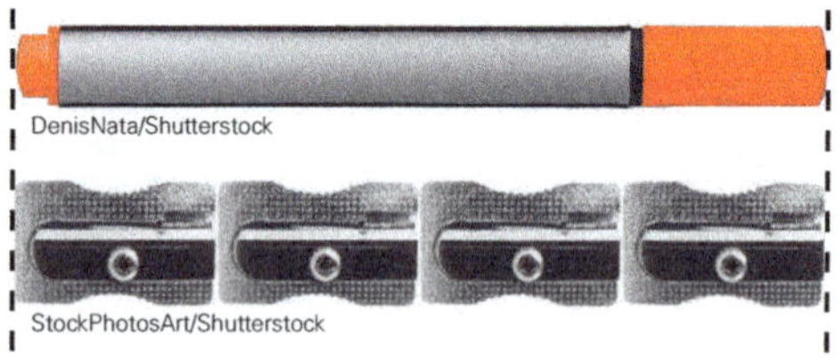

DenisNata/Shutterstock

StockPhotosArt/Shutterstock

StockPhotosArt/Shutterstock

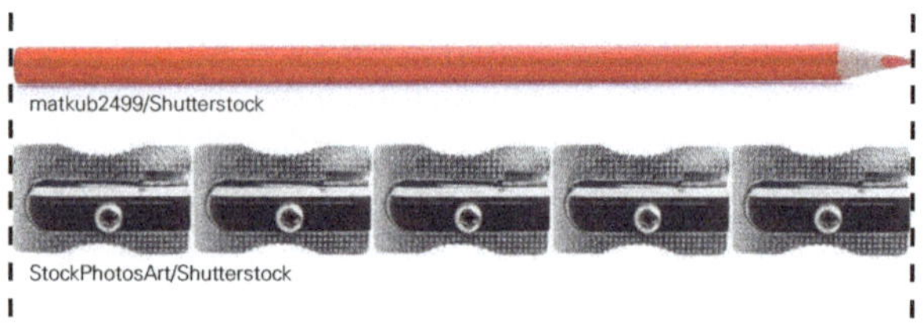

matkub2499/Shutterstock

StockPhotosArt/Shutterstock

StockPhotosArt/Shutterstock

- QUANTOS APONTADORES MEDE CADA OBJETO ESCOLAR? ESCREVA O NÚMERO QUE INDICA CADA MEDIDA.
- MARQUE ✕ NO OBJETO ESCOLAR QUE TEM MEDIDA MAIOR E ○ NO QUE TEM MEDIDA MENOR.

EM QUAL CABE MAIS? EM QUAL CABE MENOS?

NA CASA DE IARA, ASSIM COMO NA NOSSA, DIFERENTES RECIPIENTES PODEM SER UTILIZADOS PARA SE COLOCAR ÁGUA, SUCO, CHÁ, LEITE E OUTROS LÍQUIDOS EM DIFERENTES QUANTIDADES.

XÍCARA DE CHÁ

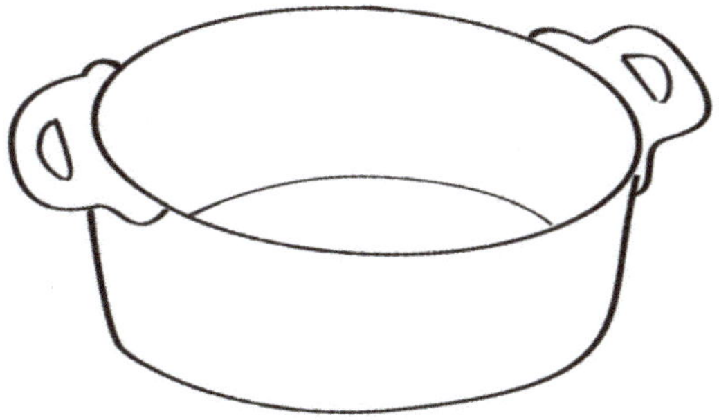

PANELA

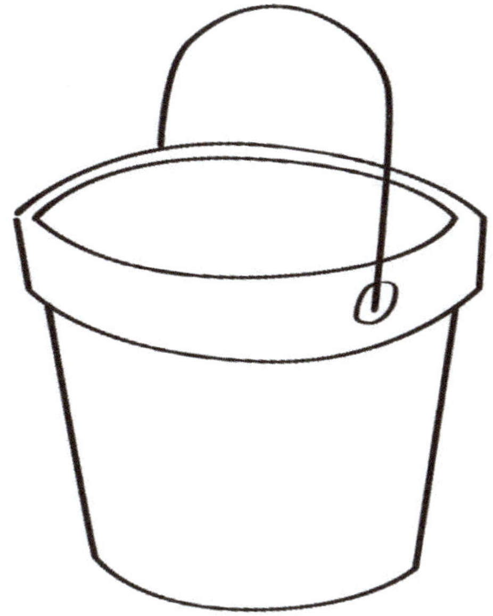

BALDE

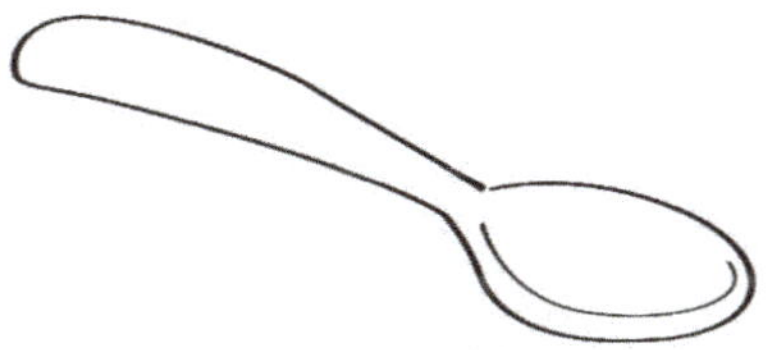

COLHER

Ilustrações: Estúdio Ornitorrinco/Arquivo da editora

- PINTE DE **VERMELHO** O RECIPIENTE EM QUE CABE MENOS ÁGUA.
- PINTE DE **AZUL** O RECIPIENTE EM QUE CABE MAIS ÁGUA.
- DEIXE EM BRANCO OS RECIPIENTES QUE SOBRAREM.

QUAL É MAIS PESADO? QUAL É MAIS LEVE?

JOÃO VIAJOU COM OS PAIS DELE. NOS LUGARES PELOS QUAIS PASSOU, VIU VEÍCULOS E PESSOAS.

Estúdio Ornitorrinco/Arquivo da editora

- MARQUE ✕ NO VEÍCULO MAIS PESADO.
- MARQUE ○ NO VEÍCULO MAIS LEVE.

ANTES, AGORA E DEPOIS

YURI CONVIDOU GABRIEL PARA IR ATÉ A CASA DELE BRINCAR ANTES DO ALMOÇO. AGORA, ELES ESTÃO ALMOÇANDO COM OS PAIS DE YURI.

Ilustrações: Estúdio Ornitorrinco/ Arquivo da editora

OBSERVE AS CENAS AO LADO E FAÇA O QUE SE PEDE.

- PINTE O QUADRINHO AO LADO DA CENA QUE MOSTRA O QUE YURI E GABRIEL ESTÃO FAZENDO AGORA.
- MARQUE X NOS QUADRINHOS AO LADO DAS CENAS QUE MOSTRAM O QUE ELES FIZERAM ANTES DO ALMOÇO.
- MARQUE O NO QUADRINHO AO LADO DA CENA QUE MOSTRA O QUE ELES VÃO FAZER DEPOIS DO ALMOÇO.

OS NÚMEROS ESTÃO EM TODA PARTE

NINA OBSERVOU NÚMEROS EM CASA, NA RUA, NA ESCOLA E EM MUITOS OUTROS LUGARES. VEJA ALGUNS EXEMPLOS.

Dragance137/Shutterstock

Yulia Reznikov/Shutterstock

Fernando Favoretto/Criar Imagem

JULHO

DOMINGO	SEGUNDA-FEIRA	TERÇA-FEIRA	QUARTA-FEIRA	QUINTA-FEIRA	SEXTA-FEIRA	SÁBADO
1	2	3	4	5	6	7
8	9	10	11	12	13	14
15	16	17	18	19	20	21
22	23	24	25	26	27	28
29	30	31				

DVARG/Shutterstock

Fernando Favoretto/Criar Imagem

Dotta2/Arquivo da editora

Eugene Onischenko/Shutterstock

Cegli/Shutterstock

- NO CALENDÁRIO, MARQUE ✕ NO NÚMERO QUE INDICA O SEGUNDO SÁBADO DE JULHO.
- NA RÉGUA, CONTORNE O NÚMERO QUE INDICA O COMPRIMENTO DE UM DE SEUS POLEGARES.

PARABÉNS A VOCÊ!

VEJA QUANTOS ANOS ISA E OS IRMÃOS ESTÃO FAZENDO.

- CONTE AS VELINHAS DOS BOLOS DE CADA ANIVERSARIANTE E COMPLETE OS QUADRINHOS.

IGOR: ☐ ANO ISA: ☐ ANOS ÍSIS: ☐ ANOS

- CONTORNE O MAIS NOVO DOS TRÊS.
- MARQUE ✕ EM QUEM É O MAIS VELHO DOS TRÊS.
- ESCREVA NO QUADRINHO QUANTOS ANOS ISA VAI FAZER NO PRÓXIMO ANIVERSÁRIO. ☐

Estúdio Omitorrinco/Arquivo da editora

BRINCANDO COM DADOS

REGRAS

1. REÚNA-SE A UM COLEGA. CADA UM DEVE ESCOLHER UMA COR DIFERENTE DE LÁPIS OU GIZ DE CERA.
2. A DUPLA DEVE USAR APENAS O LIVRO DE UM DOS ALUNOS PARA JOGAR.
3. NA PRIMEIRA RODADA, CADA PARTICIPANTE LANÇA 1 DADO; NA SEGUNDA RODADA, LANÇA 2 DADOS; NA TERCEIRA RODADA, LANÇA 3 DADOS; NA QUARTA RODADA, LANÇA 1 DADO; NA QUINTA RODADA, LANÇA 2 DADOS; NA SEXTA RODADA, LANÇA 3 DADOS, E ASSIM POR DIANTE (1, 2, 3, 1, 2, 3, ...).
4. AO LANÇAR 1, 2 OU 3 DADOS, O PARTICIPANTE VERIFICA O TOTAL DE PONTOS. SE ESSE NÚMERO ESTIVER EM UM DOS QUADRINHOS AO LADO E AINDA NÃO TIVER SIDO COLORIDO, O PARTICIPANTE DEVE PINTAR O QUADRINHO COM A COR QUE ESCOLHEU.
5. VENCE O JOGO QUEM TIVER COLORIDO MAIS QUADRINHOS DEPOIS QUE TODOS ESTIVEREM PREENCHIDOS.

EXEMPLOS:

Ilustrações: Estúdio Ornitorrinco/Arquivo da editora

16	12	6	8	
3	17	10	5	13

SEQUÊNCIA DOS NÚMEROS DE 1 A 20

VAMOS AJUDAR LUCA E IARA A COMPLETAR A SEQUÊNCIA DE NÚMEROS?

- COMPLETE O QUADRO COM OS NÚMEROS QUE ESTÃO FALTANDO NA SEQUÊNCIA DE NÚMEROS DE 1 A 20.

1					6			9	10
	12		14			17	18		

AGORA, ESCREVA NOS QUADRINHOS OS NÚMEROS PEDIDOS.

- NÚMEROS ENTRE 6 E 10:
- NÚMEROS QUE SÃO MAIORES DO QUE 11 E MENORES DO QUE 14:
- NÚMEROS DE 18 ATÉ 20:
- NÚMEROS QUE ESTÃO DEPOIS DO 3 E ANTES DO 7:

Ilustrações: Estúdio Ornitorrinco/Arquivo da editora

VAMOS CRIAR?

ORGANIZANDO NOSSOS MATERIAIS

NA SALA DE AULA, MUITOS BRINQUEDOS E MATERIAIS PRECISAM SER GUARDADOS DEPOIS DE UTILIZADOS. O QUE PODEMOS FAZER PARA ORGANIZAR ESSES OBJETOS?

AHPhotosWPG/Shutterstock

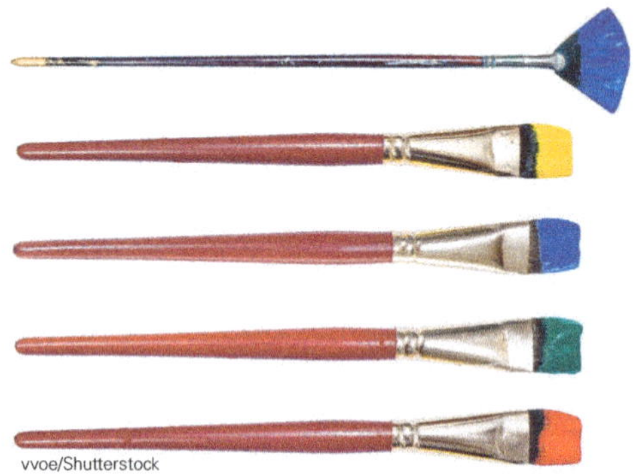
vvoe/Shutterstock

Koya979/Shutterstock

boitano/Shutterstock

Perfect Lazybones/Shutterstock

irin-k/Shutterstock

Tristan Tan/Shutterstock

Andrey Osipets/Shutterstock

Sema Srinouljan/Shutterstock

UNIDADE 2

A ESCOLA É DIVERTIDA!

Estúdio Ornitorrinco/Arquivo da editora

COMO VOCÊ SE SENTE NA ESCOLA?

LOCAIS NA ESCOLA DE NINA

VEJA ESTES CAMINHOS PARA NINA IR ATÉ ALGUNS LOCAIS DA ESCOLA.
VAMOS LEVAR NINA ATÉ A SALA DE AULA E O PARQUINHO?
ATENÇÃO! NÃO VALE CRUZAR AS LINHAS.

Ilustrações: Estúdio Ornitorrinco/Arquivo da editora

PÁTIO

SANITÁRIOS

SALA DE AULA

PARQUINHO

- PINTE DE **AMARELO** O CAMINHO QUE LEVA NINA ATÉ A SALA DE AULA.
- PINTE DE **VERDE** O CAMINHO QUE LEVA NINA ATÉ O PARQUINHO.

BRINQUEDOS FAVORITOS NO PARQUINHO DA ESCOLA

MARIANA FEZ UMA PESQUISA NA ESCOLA PARA SABER DE QUAL BRINQUEDO DO PARQUINHO AS CRIANÇAS MAIS GOSTAM. VEJA COMO ELA REGISTROU O RESULTADO.

Ilustrações: Rvector/Shutterstock

BRINQUEDOS DE QUE MAIS GOSTAM	
BRINQUEDO	**QUANTIDADE DE VOTOS**
 ESCORREGADOR	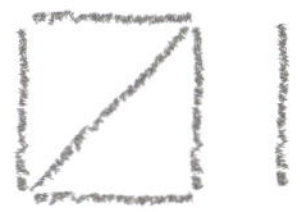
 GIRA-GIRA	
 BALANÇO	

BRINQUEDOS DE QUE MAIS GOSTAM

Estúdio Ornitorrinco/ Arquivo da editora

- QUANTAS CRIANÇAS FORAM ENTREVISTADAS? ☐
- QUANTOS VOTOS O ESCORREGADOR RECEBEU A MAIS DO QUE O BALANÇO? ☐
- QUANTOS VOTOS O GIRA-GIRA RECEBEU A MAIS DO QUE O ESCORREGADOR? ☐

COMO VOCÊ VAI À ESCOLA?

NA TURMA DE JOÃO, ALGUNS ALUNOS VÃO À ESCOLA A PÉ; OUTROS, DE CARRO; E OUTROS, AINDA, DE TRANSPORTE ESCOLAR.

O GRÁFICO INDICA QUANTOS ALUNOS UTILIZAM CADA MEIO DE TRANSPORTE.

COMO OS ALUNOS VÃO À ESCOLA

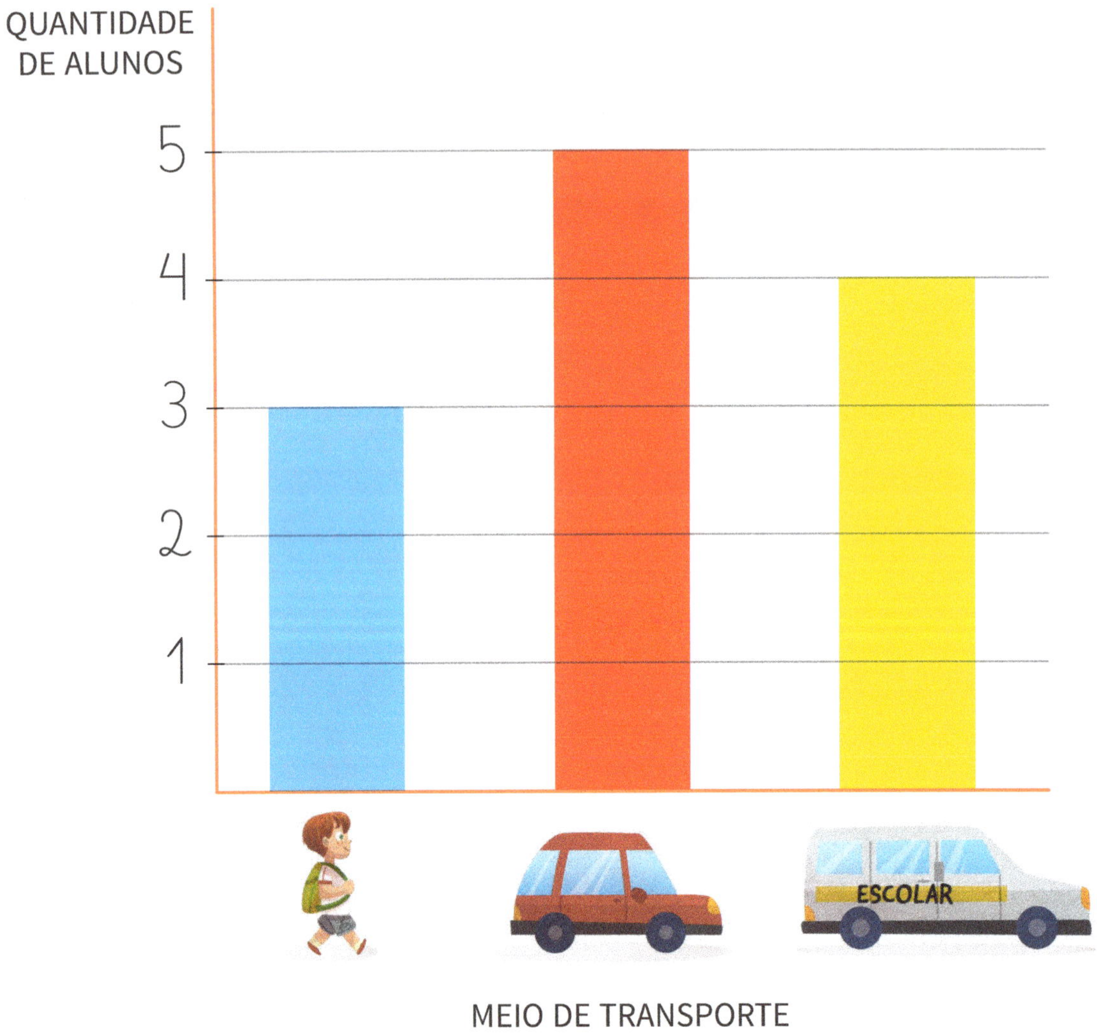

- PINTE O QUADRINHO QUE MOSTRA A QUANTIDADE DE ALUNOS QUE USAM CADA MEIO DE TRANSPORTE.

 3 4 5

 3 4 5

3 4 5

- E VOCÊ, COMO VAI À ESCOLA? CONTORNE PARA INDICAR.

Ilustrações: Estúdio Ornitorrinco/ Arquivo da editora

CONHECENDO ALGUMAS PROFISSÕES

A PROFESSORA DE YURI FALOU COM OS ALUNOS SOBRE A IMPORTÂNCIA DE DIVERSAS PROFISSÕES PARA A COMUNIDADE.

HÁ VÁRIOS ADULTOS QUE TRABALHAM NA ESCOLA DE YURI.

- LIGUE OS PROFISSIONAIS AOS LUGARES DA ESCOLA ONDE ELES GERALMENTE TRABALHAM.

COZINHEIROS

PROFESSORA

SECRETÁRIOS

DIRETORA

EQUIPE DE LIMPEZA

SECRETARIA ESCOLAR

COZINHA ESCOLAR

SALA DE AULA

DEPÓSITO DE LIMPEZA

SALA DA DIRETORIA

Ilustrações: Estúdio Ornitorrinco/Arquivo da editora

- AGORA, CONVERSE COM OS COLEGAS SOBRE O QUE CADA PROFISSIONAL DA ESCOLA FAZ E POR QUE O TRABALHO DESSAS PESSOAS É IMPORTANTE.

BRINCANDO NA ESCOLA

BRINCAR NA ESCOLA É MUITO DIVERTIDO!

- OBSERVE, AO LADO, QUANTAS CRIANÇAS ESTÃO PARTICIPANDO DE CADA BRINCADEIRA E COMPLETE A TABELA.

BRINCADEIRA	TRACINHO	QUANTIDADE
AMARELINHA		
PULAR CORDA		
QUEIMADA		
PIÃO		
PETECA		
RODA		

Ilustrações: Estúdio Ornitorrinco/Arquivo da editora

GINCANA NA ESCOLA

NA GINCANA DA ESCOLA FORAM FORMADAS TRÊS EQUIPES: **VERDE**, **AZUL** E **VERMELHA**.
NA PROVA DE BOLAS NA LATA, VEJA QUANTAS LATAS CADA EQUIPE DERRUBOU.

Ilustrações: Estúdio Ornitorrinco/Arquivo da editora

- REGISTRE OS RESULTADOS NA TABELA E NO GRÁFICO. O DA EQUIPE **VERDE** JÁ ESTÁ FEITO.

LATAS DERRUBADAS		
EQUIPE	**TRACINHO**	**PONTUAÇÃO**
VERDE	III	3
AZUL		
VERMELHA		

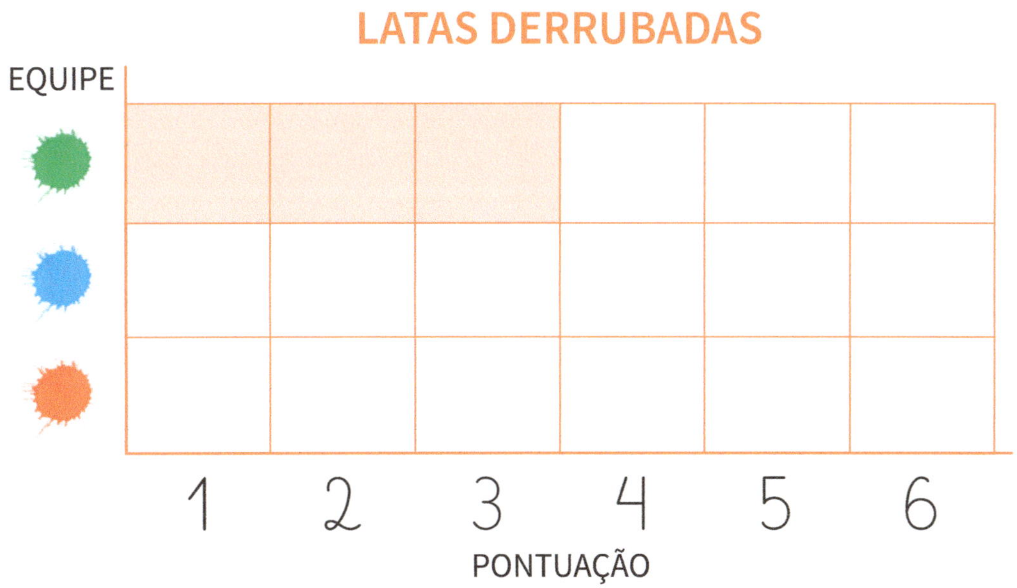

- QUAL FOI A EQUIPE VENCEDORA DESTA PROVA?

PROVA DE PULAR CORDA NA GINCANA DA ESCOLA

VEJA AS CRIANÇAS PARTICIPANDO DESSA PROVA.

Ilustrações: Estúdio Ornitorrinco/Arquivo da editora

- PINTE A CORDA GROSSA COM GIZ DE CERA **LARANJA** E A CORDA FINA COM GIZ DE CERA **VERDE**.
- QUANTAS CRIANÇAS ESTÃO EM CADA CENA? ☐ E NAS DUAS CENAS JUNTAS? ☐
- QUANTAS CRIANÇAS VESTEM ROUPA DE COR **ROXA**? ☐

A EQUIPE VENCEDORA

ESTAS CRIANÇAS SÃO DA EQUIPE QUE VENCEU A GINCANA DA ESCOLA.

Estúdio Ornitorrinco/Arquivo da editora

- CONTORNE A CRIANÇA MAIS ALTA COM LÁPIS DE COR **VERDE**.
- MARQUE ✕ EM DUAS CRIANÇAS QUE TÊM A MESMA ALTURA.
- QUAL MENINO ESTÁ VESTINDO CAMISETA **ROXA**?
- QUAL MENINA ESTÁ VESTINDO SAIA COM LISTRAS LARGAS?
- QUANTAS CRIANÇAS ESTÃO NESTA CENA?

VAMOS DESTACAR E COLAR?

MATERIAL DE APOIO

A PROFESSORA DE NUNO PROPÔS A SEGUINTE ATIVIDADE: AGRUPAR OBJETOS QUE TÊM O FORMATO PARECIDO. VAMOS AJUDÁ-LO?

- DESTAQUE AS FIGURAS DA **PÁGINA 5** E COLE-AS ABAIXO DO SÓLIDO GEOMÉTRICO QUE CORRESPONDE AO FORMATO DE CADA OBJETO.

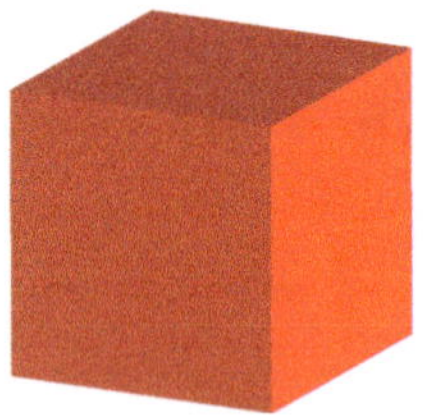

Ilustrações: Estúdio Ornitorrinco/Arquivo da editora

NOME DOS SÓLIDOS GEOMÉTRICOS

NINA, IARA E ISA ESTUDARAM O NOME DOS SÓLIDOS GEOMÉTRICOS. AGORA, ELAS PRECISAM INDICAR OBJETOS QUE TENHAM O FORMATO PARECIDO COM CADA UM DESSES SÓLIDOS GEOMÉTRICOS.

- CONTORNE OS OBJETOS COM FORMATO QUE LEMBRA O DO SÓLIDO GEOMÉTRICO QUE ESTÁ NA MESMA LINHA.

Ilustrações: Estúdio Ornitorrinco/ Arquivo da editora

JOGO DOS SÓLIDOS GEOMÉTRICOS

REGRAS

1. CADA PONTUAÇÃO DO DADO CORRESPONDE A UM SÓLIDO GEOMÉTRICO, COMO INDICADO ABAIXO.

Ilustrações: Estúdio Ornitorrinco/Arquivo da editora

2. NA SUA VEZ, CADA PARTICIPANTE JOGA 2 DADOS; SE ELES MARCAREM A MESMA PONTUAÇÃO, O PARTICIPANTE PERDE A VEZ. CASO CONTRÁRIO, ELE DEVE LOCALIZAR O SÓLIDO GEOMÉTRICO CORRESPONDENTE À PONTUAÇÃO OBTIDA EM CADA DADO.
3. EM SEGUIDA, O PARTICIPANTE DEVE COMPARAR O FORMATO E A COR DOS SÓLIDOS GEOMÉTRICOS E REGISTRAR TRACINHOS NO QUADRO, CONFORME A INDICAÇÃO ABAIXO.

MESMA COR E FORMATOS DIFERENTES	MESMO FORMATO E CORES DIFERENTES	MESMA COR E MESMO FORMATO
I	II	III

4. SE OS 2 SÓLIDOS GEOMÉTRICOS TIVEREM CORES DIFERENTES E FORMATOS DIFERENTES, O PARTICIPANTE NÃO MARCA TRACINHOS E PASSA A VEZ.
5. VENCE O JOGO QUEM TIVER MAIS TRACINHOS NO QUADRO APÓS 4 RODADAS.

NOME DAS FIGURAS PLANAS

LUCA ANALISOU ALGUNS SÓLIDOS GEOMÉTRICOS E DESCOBRIU QUE ALGUMAS PARTES DELES SÃO IGUAIS A FIGURAS GEOMÉTRICAS QUE ELE JÁ CONHECIA. ELAS SÃO CHAMADAS DE FIGURAS PLANAS.

SÓLIDO GEOMÉTRICO

Ilustrações: Estúdio Ornitorrinco/Arquivo da editora

FIGURA PLANA

CÍRCULO QUADRADO CÍRCULO TRIÂNGULO RETÂNGULO

- AGORA, CUBRA OS TRACEJADOS E PINTE AS FIGURAS PLANAS DA SEGUINTE MANEIRA:

QUADRADO **VERMELHO** TRIÂNGULO **VERDE**

RETÂNGULO **AMARELO** CÍRCULO **AZUL**

DESENHOS COM FIGURAS PLANAS

A TURMA DE PEDRO FEZ VÁRIOS DESENHOS USANDO FIGURAS PLANAS.

- OBSERVE CADA UM E ESCREVA O NÚMERO DE CADA TIPO DE FIGURA PLANA USADA.

Ilustrações: Estúdio Ornitorrinco/Arquivo da editora

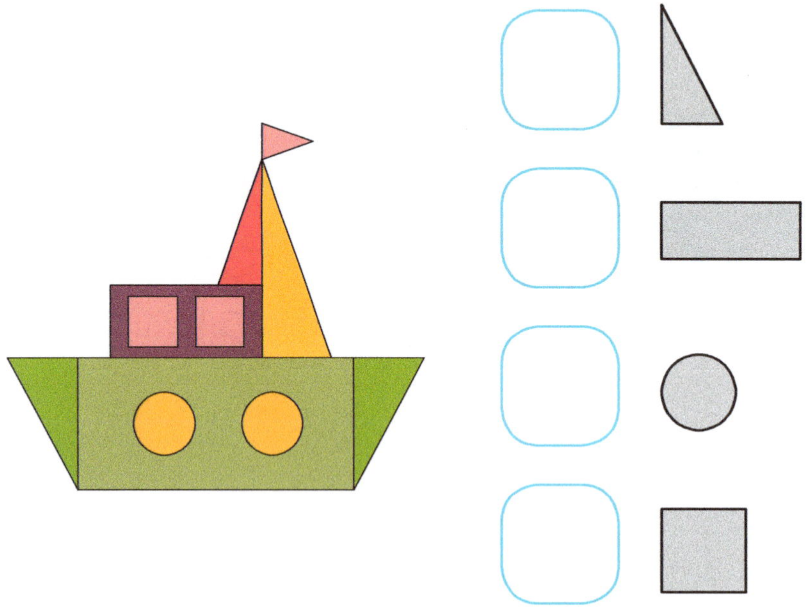

BRINCANDO COM FIGURAS E CORES

- PINTE AS FIGURAS QUE FAZEM PARTE DOS DESENHOS ABAIXO COM A COR DAS FIGURAS GEOMÉTRICAS PLANAS APRESENTADAS. ATENÇÃO: SE TIVER O MESMO FORMATO, PINTE COM A MESMA COR!

- QUANTOS QUADRADOS HÁ NO PRIMEIRO DESENHO?
- QUANTOS CÍRCULOS HÁ NO SEGUNDO DESENHO?
- QUANTOS TRIÂNGULOS HÁ NOS 2 DESENHOS?

A FESTA JUNINA DA ESCOLA

AS BANDEIRINHAS QUE ENFEITARAM A FESTA NA ESCOLA DE JOÃO E MARIANA TINHAM VÁRIAS CORES E VÁRIOS FORMATOS.

- OBSERVE ALGUMAS DAS BANDEIRINHAS E LIGUE-AS AOS QUADROS CORRESPONDENTES.

IGUAIS NA COR
IGUAIS NO FORMATO

IGUAIS NA COR
DIFERENTES NO FORMATO

DIFERENTES NA COR
IGUAIS NO FORMATO

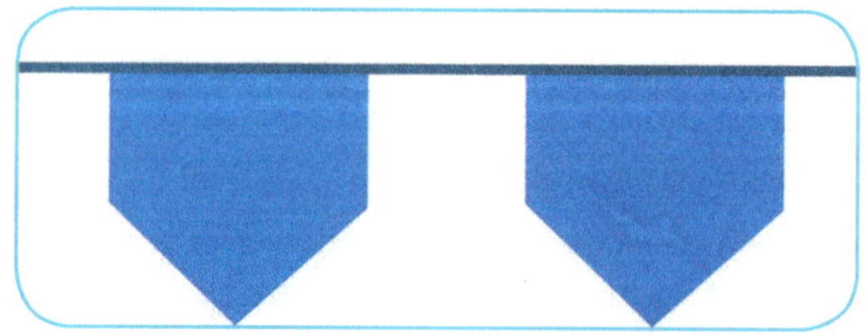

DIFERENTES NA COR
DIFERENTES NO FORMATO

Ilustrações: Estúdio Ornitorrinco/Arquivo da editora

ORGANIZANDO AS FIGURAS GEOMÉTRICAS

OBSERVE OS FORMATOS E AS CORES DAS FICHAS QUE A PROFESSORA DISTRIBUIU PARA CADA ALUNO DA SALA DE ISA E GABRIEL.

ELA PEDIU QUE OS ALUNOS FORMASSEM GRUPOS COM AS FICHAS.

VEJA COMO ISA E GABRIEL FORMARAM SEUS GRUPOS.

Ilustrações: Estúdio Ornitorrinco/Arquivo da editora

- SIGA AS INFORMAÇÕES DADAS POR ELES, DESENHANDO NOS QUADROS AS FICHAS DOS GRUPOS.

JOGO DAS FIGURAS PLANAS

MATERIAL DE APOIO

REGRAS

1. DESTAQUE AS LETRAS DA **PÁGINA 7**. CADA LETRA CORRESPONDE A UM GRUPO DE SÓLIDOS GEOMÉTRICOS, COMO INDICADO ABAIXO.

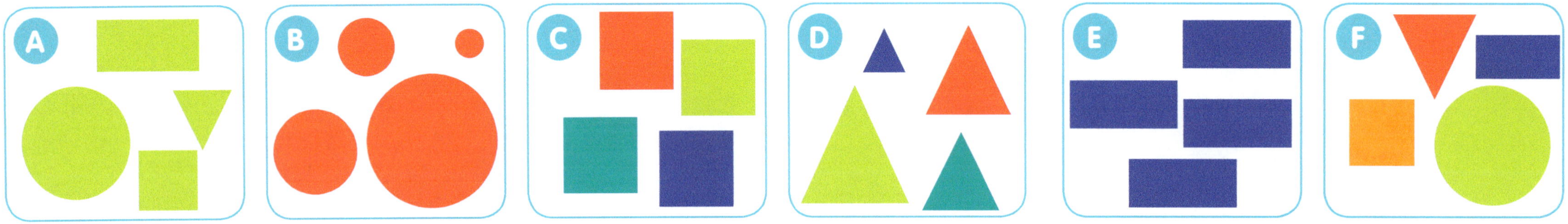

2. NA SUA VEZ, CADA PARTICIPANTE SORTEIA UMA LETRA, LOCALIZA O QUADRO, ANALISA AS FIGURAS, VERIFICA QUANTOS PONTOS FEZ E MARCA ✕ NO QUADRO DE PONTUAÇÃO PARA CADA PONTO OBTIDO.

   O PARTICIPANTE MARCA 1 PONTO NOS SEGUINTES CASOS:

   - TODAS AS FIGURAS COM A MESMA COR
   - TODAS AS FIGURAS COM O MESMO FORMATO
   - TODAS AS FIGURAS COM O MESMO TAMANHO

   ASSIM, QUEM TIRAR O QUADRO B MARCA 2 PONTOS, POIS AS FIGURAS TÊM A MESMA COR E O MESMO FORMATO.

3. VENCE O JOGO QUEM FIZER MAIS PONTOS APÓS 3 RODADAS.

PONTUAÇÃO

PONTUAÇÃO

ISA GOSTA MUITO DE DESENHAR

EM UMA ATIVIDADE NA ESCOLA, ISA DESENHOU E PINTOU A CASINHA AO LADO.
NAS FIGURAS ABAIXO APARECEM, EMBARALHADAS, AS FASES EM QUE O DESENHO FOI FEITO.

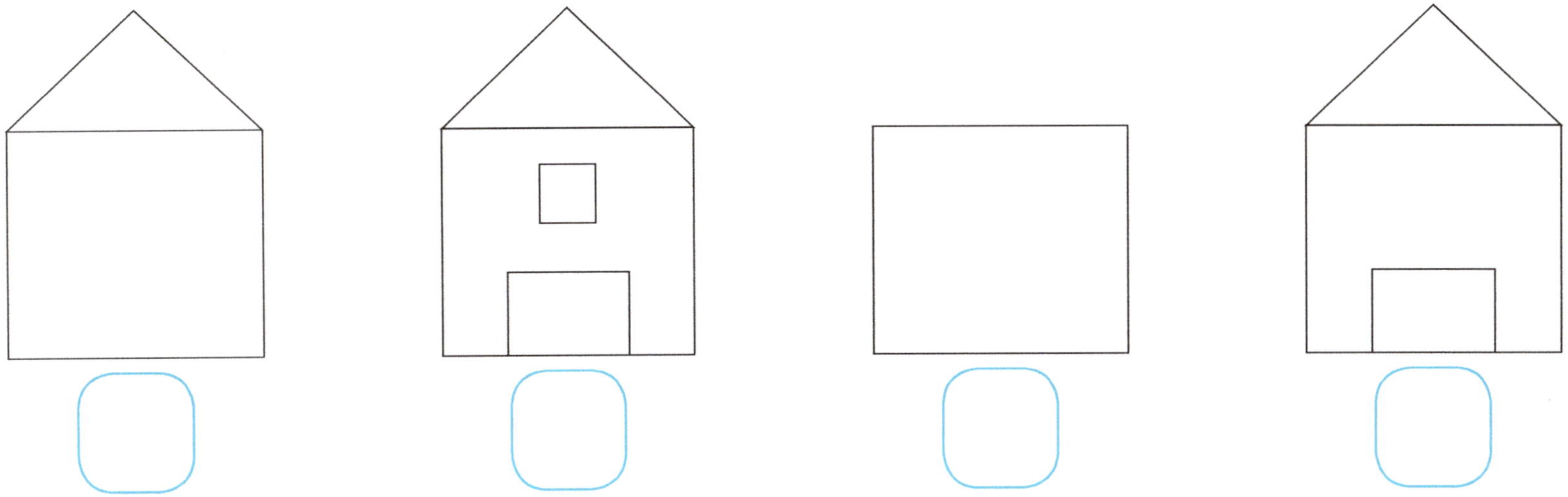

- QUAL FOI A PRIMEIRA? E A SEGUINTE? CONVERSE COM OS COLEGAS E DEPOIS NUMERE-AS COM 1ª, 2ª, 3ª E 4ª.
- REFAÇA AS 4 FIGURAS ACIMA NA ORDEM CORRETA. DEPOIS, PINTE A CASINHA OBTIDA NAS MESMAS CORES DA CASINHA DE ISA.

______	______	______	______
1ª	2ª	3ª	4ª

SEQUÊNCIA NUMÉRICA DE 0 A 20

- COMPLETE A SEQUÊNCIA ABAIXO, DOS NÚMEROS DE 0 A 20.

0	1		3	4	5		7	8	9		11	12	13	14	15		17	18		20

- CONTE OS BRINQUEDOS EM CADA QUADRO E REGISTRE A QUANTIDADE EM CADA QUADRINHO.

☐ NAVIOS

☐ FOGUETES

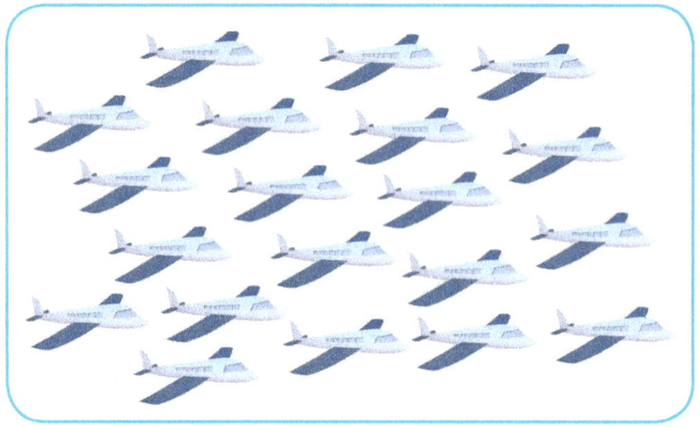

☐ AVIÕES

Ilustrações: Estúdio Ornitorrinco/Arquivo da editora

- PINTE NO VARAL OS NÚMEROS QUE REPRESENTAM A QUANTIDADE DE CADA BRINQUEDO.

- CONSIDERE OS 3 NÚMEROS PINTADOS NO VARAL E DETERMINE:

O NÚMERO QUE VEM ANTES DOS OUTROS DOIS: ☐

O NÚMERO QUE VEM DEPOIS DOS OUTROS DOIS: ☐

O NÚMERO QUE FICA ENTRE OS OUTROS DOIS: ☐

LIVROS ARRUMADOS, TRABALHO SIMPLIFICADO!

NINA E MARIANA DEIXARAM A ESTANTE DE LIVROS DA CLASSE BEM ARRUMADA.

Estúdio Ornitorrinco/Arquivo da editora

- CONVERSE COM OS COLEGAS SOBRE COMO NINA E MARIANA PENSARAM PARA ARRUMAR OS LIVROS DESSA MANEIRA.
- É POSSÍVEL ARRUMAR ESSES LIVROS DE OUTRA MANEIRA? COMO?
- HÁ QUANTOS LIVROS DE CAPA **AZUL**? ☐
- HÁ QUANTOS LIVROS GROSSOS NA ESTANTE? ☐
- NO TOTAL, HÁ QUANTOS LIVROS NA ESTANTE? ☐

VAMOS CONTAR DINHEIRO?

HOJE, OS ALUNOS DA CLASSE DE YURI VÃO CONTAR E REGISTRAR ALGUMAS QUANTIAS. FAÇA O MESMO JUNTO COM UM COLEGA.

- CALCULEM AS QUANTIAS E ESCREVAM NOS QUADRINHOS.

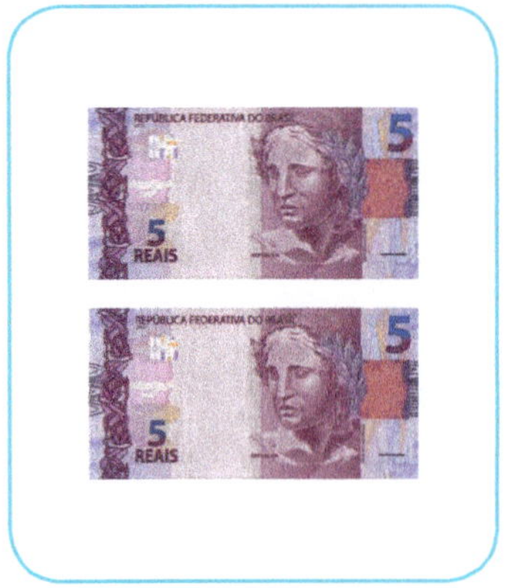

☐ REAIS

☐ REAIS

☐ REAIS

☐ REAIS

☐ REAIS

☐ REAIS

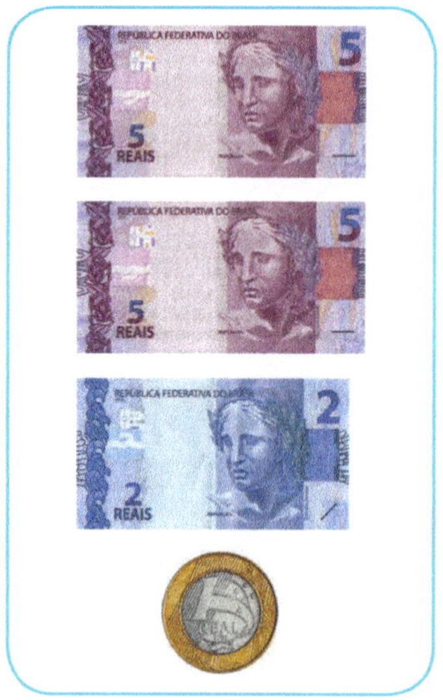

☐ REAIS

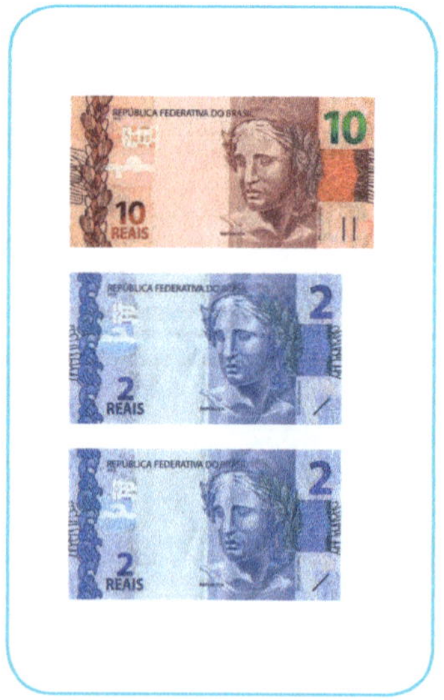

☐ REAIS

☐ REAIS

☐ REAIS

Imagens: Reprodução/Casa da Moeda do Brasil/Ministério da Fazenda

GRUPOS DE 10

A PROFESSORA LEVOU CUBINHOS PARA OS ALUNOS CALCULAREM QUANTIDADES. IARA SEPAROU UM GRUPO DE DEZ CUBINHOS E OBSERVOU QUANTOS SOBRARAM. DEPOIS, ESCREVEU O NÚMERO QUE INDICA O TOTAL DE CUBINHOS.

- FAÇA COMO IARA E CALCULE A QUANTIDADE DE CUBINHOS EM CADA CASO.

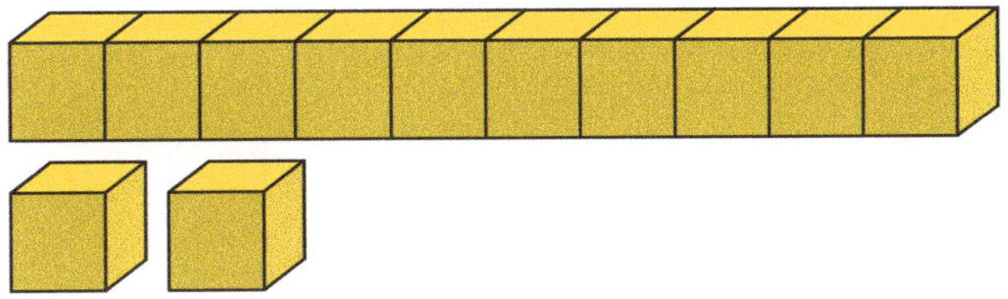

GRUPOS DE 10	UNIDADES

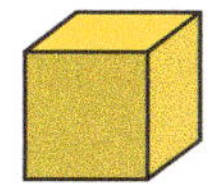

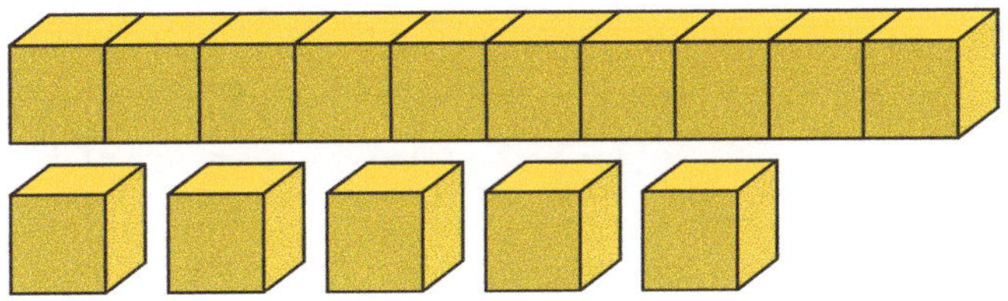

GRUPOS DE 10	UNIDADES

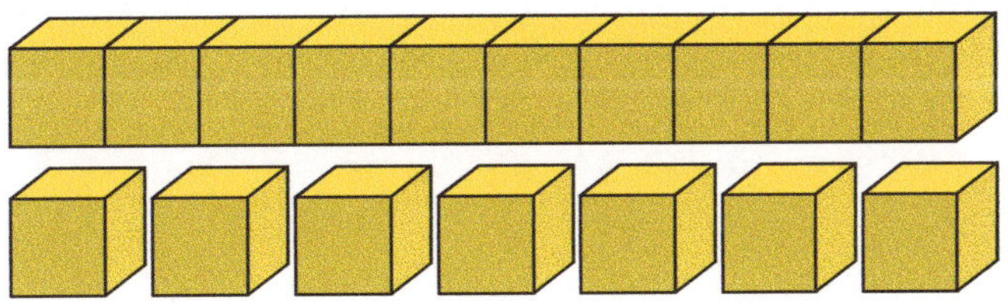

GRUPOS DE 10	UNIDADES

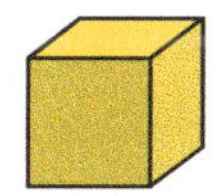

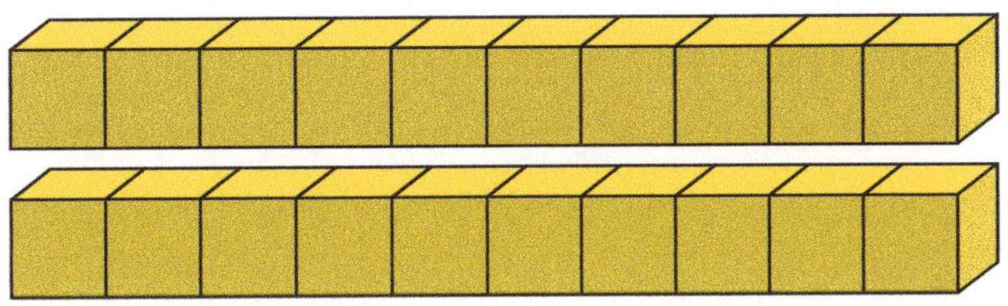

GRUPOS DE 10	UNIDADES

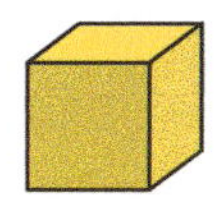

CONTANDO OVOS

HOJE, NA ESCOLA DE NUNO, FORAM SERVIDOS OVOS COZIDOS NO ALMOÇO.
NUNO E A TURMA RESOLVERAM CONTAR OS OVOS USANDO O PROCESSO DE FORMAR GRUPOS DE 10.

- CONTORNE OS OVOS FORMANDO GRUPOS DE 10 E CALCULE A QUANTIDADE DE OVOS EM CADA CASO.

GRUPOS DE 10	UNIDADES

GRUPOS DE 10	UNIDADES

GRUPOS DE 10	UNIDADES

GRUPOS DE 10	UNIDADES

VAMOS CONTAR E DESENHAR?

• DESENHE BOLINHAS PARA REPRESENTAR CADA NÚMERO INDICADO.

17

12

• ESCREVA A QUANTIA QUE HÁ EM CADA GRUPO.

REAIS

REAIS

REAIS

Imagens: Reprodução/Casa da Moeda do Brasil/Ministério da Fazenda

GRANDEZAS E MEDIDAS NO NOSSO DIA A DIA

A PROFESSORA DISTRIBUIU PARA OS ALUNOS IMAGENS COM SITUAÇÕES DO DIA A DIA ENVOLVENDO MEDIDAS.

- MARQUE X NA MENINA QUE TEM CABELO MAIS COMPRIDO.

- QUAL É O ANIMAL MAIS PESADO? MARQUE COM O.

- PINTE O QUADRINHO DO COPO COM MENOS SUCO.

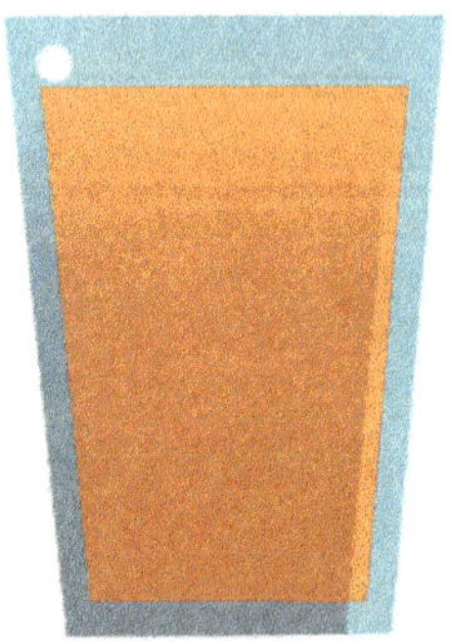

- EM QUAL CENA ESTÁ MAIS FRIO? CONTORNE.

Ilustrações: Estúdio Ornitorrinco/Arquivo da editora

MEDINDO COMPRIMENTO COM PALMO, PÉ E PASSO

YURI, IARA E GABRIEL GOSTARAM DE MEDIR COMPRIMENTO COM PALMO, PÉ E PASSO EM ATIVIDADES DA ESCOLA. VEJA O QUE ELES MEDIRAM E COMPLETE AS INFORMAÇÕES.

- O COMPRIMENTO DA MESA TEM ☐ PALMOS DE YURI.

- A DISTÂNCIA DE UMA TRAVE A OUTRA É DE ☐ PASSOS DE IARA.

Ilustrações: Estúdio Ornitorrinco/Arquivo da editora

- A LARGURA DESTA PORTA É DE ☐ PÉS DE GABRIEL.

MEDIDAS DE COMPRIMENTO E GRÁFICOS

GABRIEL E NINA USARAM LÁPIS DE COR EM UMA ATIVIDADE DE DESENHO NA ESCOLA. OBSERVE AS CORES E OS COMPRIMENTOS DOS LÁPIS.

Ilustrações: Estúdio Ornitorrinco/Arquivo da editora

PARA REPRESENTAR ESSES LÁPIS, GABRIEL E NINA CONSTRUÍRAM OS GRÁFICOS ABAIXO. NELES, CADA LÁPIS FOI REPRESENTADO POR UMA COLUNA.

- PINTE AS COLUNAS COM AS CORES CORRESPONDENTES.

LÁPIS DE GABRIEL

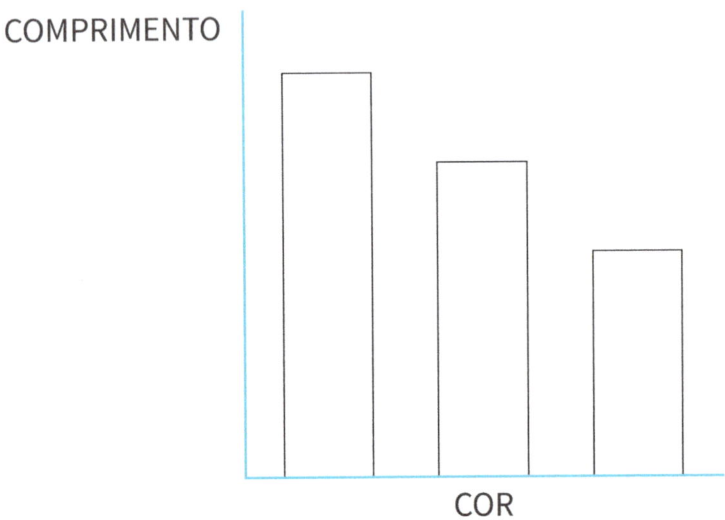

LÁPIS DE NINA

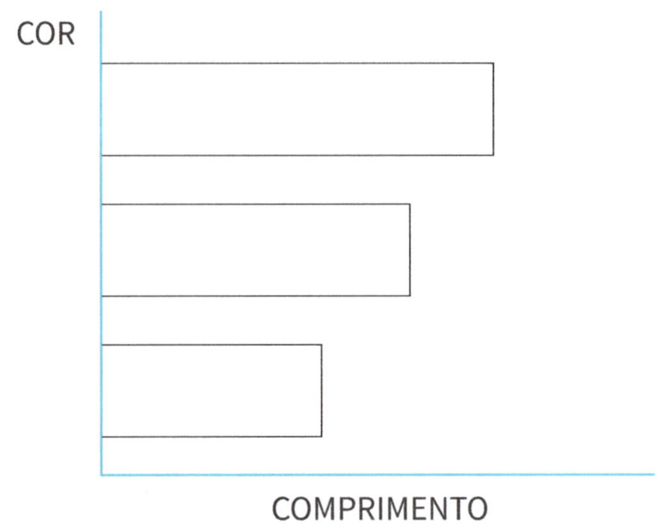

MAIS PESADO OU MAIS LEVE?

A PROFESSORA LEVOU UMA BALANÇA DE DOIS PRATOS PARA OS ALUNOS DA TURMA DE PEDRO REALIZAREM PESAGENS.

- MARQUE ✖ NA SITUAÇÃO EM QUE AS 2 CAIXAS TÊM O MESMO “PESO”.
- MARQUE ◯ NA SITUAÇÃO EM QUE A CAIXA **AMARELA** É MAIS PESADA DO QUE A CAIXA **VERMELHA**.
- PINTE DE **VERDE** O QUADRINHO DA SITUAÇÃO EM QUE A CAIXA **AMARELA** É MAIS LEVE DO QUE A CAIXA **VERMELHA**.
- OBSERVE O VISOR DA BALANÇA DIGITAL NAS 3 SITUAÇÕES ABAIXO E COMPLETE COM O NÚMERO QUE FALTA.

Ilustrações: Estúdio Omitorrinco/Arquivo da editora

JOGO DAS BALANÇAS

REGRAS

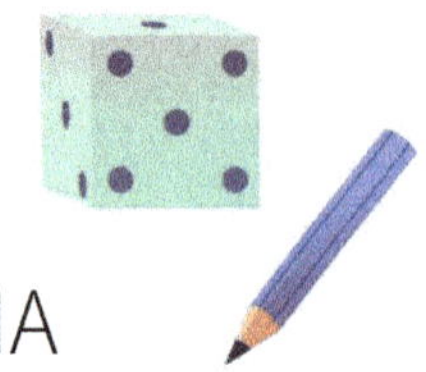

1. CADA PONTUAÇÃO DO DADO CORRESPONDE A UMA SITUAÇÃO, COMO INDICADO AO LADO.
2. NA SUA VEZ, CADA PARTICIPANTE JOGA 1 DADO, LOCALIZA A SITUAÇÃO CORRESPONDENTE À PONTUAÇÃO OBTIDA E VERIFICA A COR DO SÓLIDO GEOMÉTRICO MAIS PESADO.
3. SE ELE FOR **VERDE**, MARCA ✖ NO QUADRO DE PONTUAÇÃO ABAIXO; SE FOR **ROXO**, MARCA ✖✖; E, SE FOR **LARANJA**, MARCA ✖✖✖.
4. NO CASO DE OS 2 SÓLIDOS TEREM O MESMO “PESO”, O PARTICIPANTE NÃO MARCA ✖ E PASSA A VEZ.
5. VENCE O JOGO QUEM MARCAR MAIS ✖.

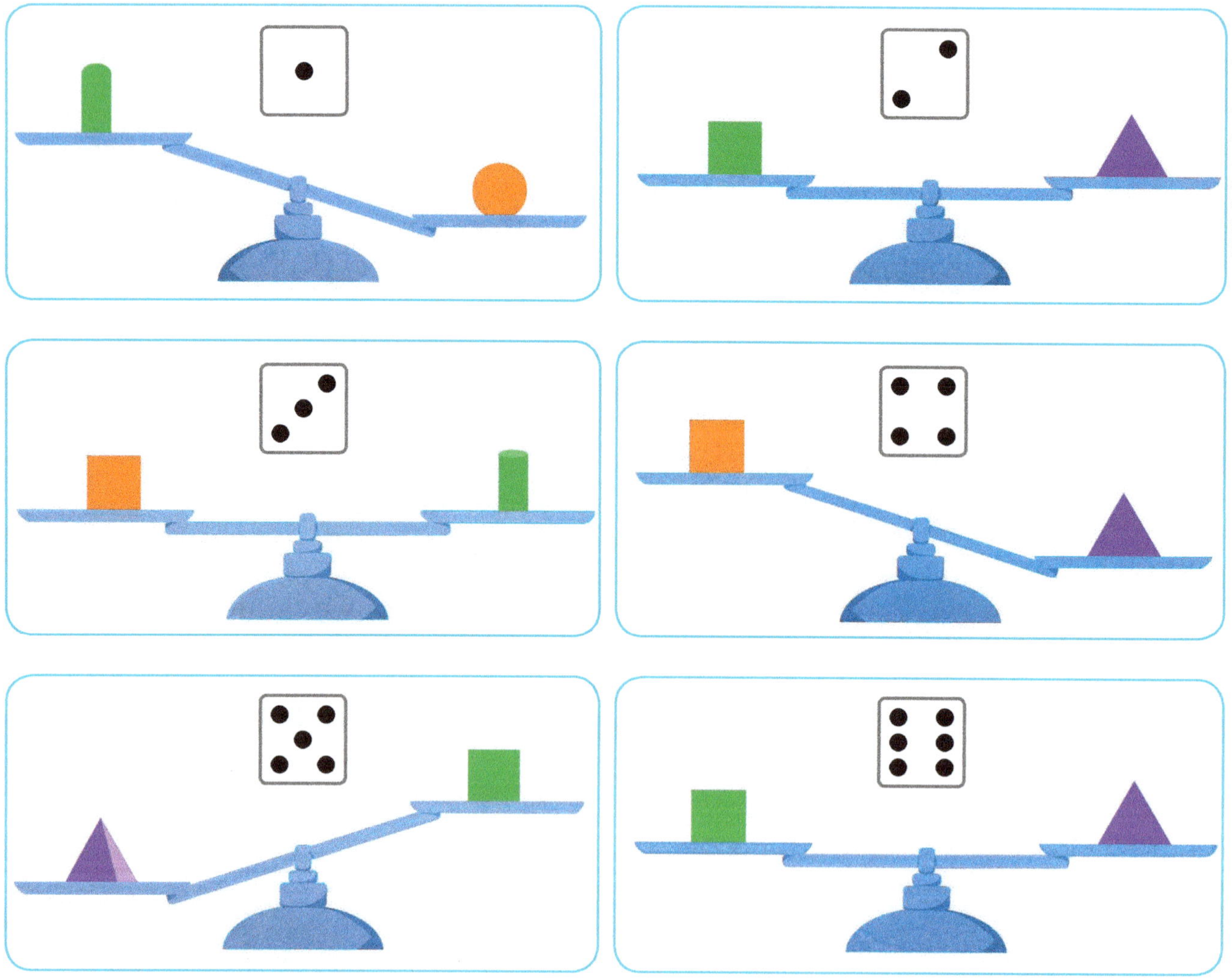

Estúdio Ornitorrinco/Arquivo da editora

PONTUAÇÃO

SUCOS NO LANCHE DA ESCOLA

NO VERÃO, NADA MELHOR DO QUE TOMAR SUCO NATURAL. HOJE, NA ESCOLA, OS ALUNOS PUDERAM ESCOLHER ENTRE SUCO DE MELANCIA E DE MARACUJÁ.

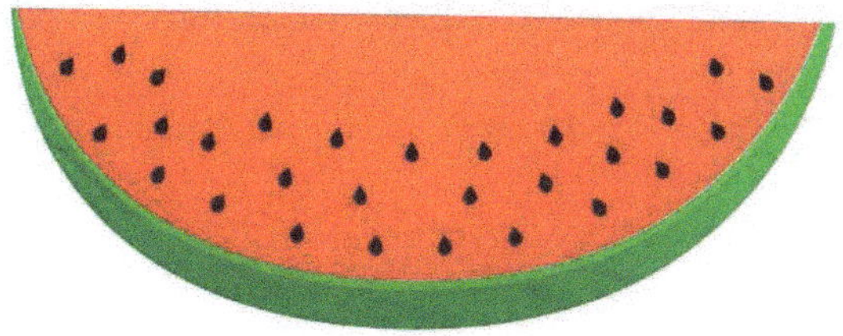

- ENTRE ESSES DOIS SABORES, DE QUAL VOCÊ GOSTA MAIS?
- OBSERVE OS COPOS AO LADO E LIGUE:

OS DOIS QUE ESTÃO CHEIOS.

OS DOIS QUE ESTÃO VAZIOS.

OS DOIS QUE ESTÃO COM SUCO PELA METADE.

Ilustrações: Estúdio Omitorrinco/Arquivo da editora

- PINTE OS COPOS ABAIXO COM A COR QUE REPRESENTA SEU SUCO FAVORITO DE MODO QUE: O PRIMEIRO FIQUE CHEIO DE SUCO; O SEGUNDO, VAZIO; E O TERCEIRO, COM SUCO PELA METADE.

1º 2º 3º

QUE HORAS SÃO?

MATERIAL DE APOIO

A PROFESSORA MOSTROU RELÓGIOS DE PONTEIROS PARA OS ALUNOS APRENDEREM A LER AS HORAS EXATAS.

QUANDO O PONTEIRO GRANDE ESTÁ NO 12, O PONTEIRO PEQUENO INDICA A HORA.

- ESCREVA NOS QUADRINHOS AS HORAS MARCADAS NOS RELÓGIOS.

☐ HORAS

☐ HORAS

AGORA VOCÊ MARCA A HORA.

- DESENHE NO RELÓGIO ABAIXO OS PONTEIROS, DE MODO QUE ELE INDIQUE 3 HORAS.

Ilustrações: Estúdio Ornitorrinco/Arquivo da editora

- DESTAQUE E MONTE O RELÓGIO DA **PÁGINA 7** DO MATERIAL DE APOIO. DEPOIS, BRINQUE COM ELE.

RELÓGIOS DIGITAIS E ANALÓGICOS

A PROFESSORA MOSTROU AOS ALUNOS RELÓGIOS COM PONTEIROS (ANALÓGICOS) E RELÓGIOS SEM PONTEIROS (DIGITAIS).

- LIGUE OS RELÓGIOS QUE ESTÃO MARCANDO A MESMA HORA.

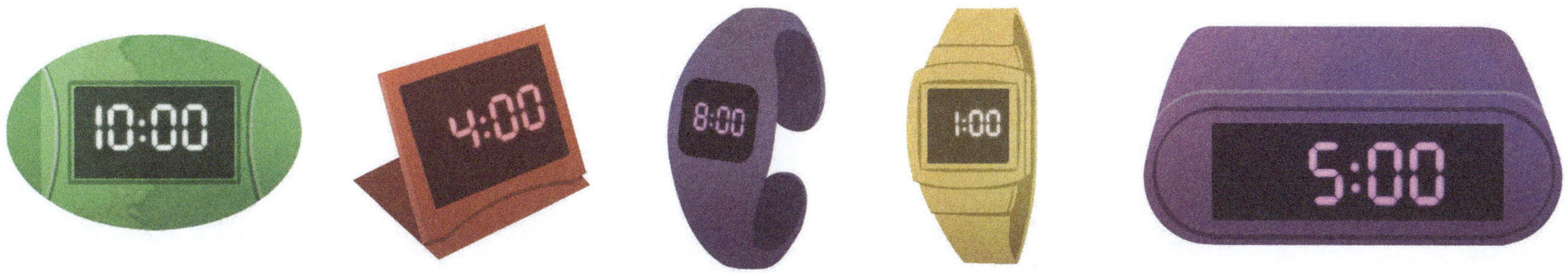

HORA DO JOGO E DA BRINCADEIRA

JOGO DAS GRANDEZAS E MEDIDAS

REGRAS

1. COM O AUXÍLIO DE UM LÁPIS E UM CLIPE, OS 2 PARTICIPANTES DEVEM SORTEAR UM ELEMENTO NA MESMA ROLETA, DEIXANDO A PONTA DO LÁPIS SOBRE O ✕. EM SEGUIDA, COMPARAM OS ELEMENTOS SORTEADOS DE ACORDO COM A INFORMAÇÃO APRESENTADA.

1ª RODADA ☐

O LÁPIS MAIS COMPRIDO.

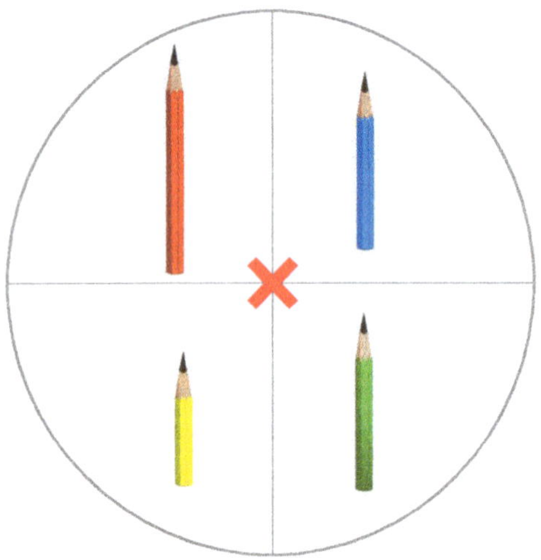

2ª RODADA ☐

O MEIO DE TRANSPORTE MAIS PESADO.

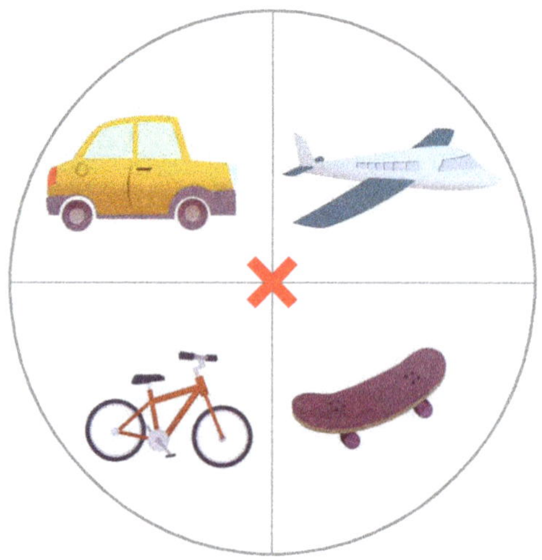

3ª RODADA ☐

A VASILHA COM MENOS SUCO.

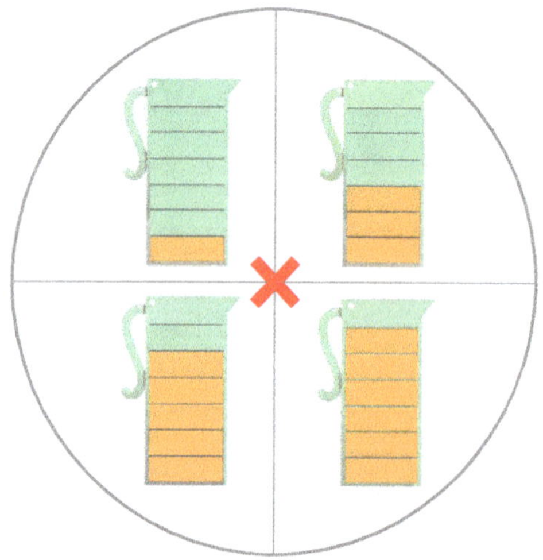

4ª RODADA ☐

A MAIOR QUANTIDADE DE HORAS.

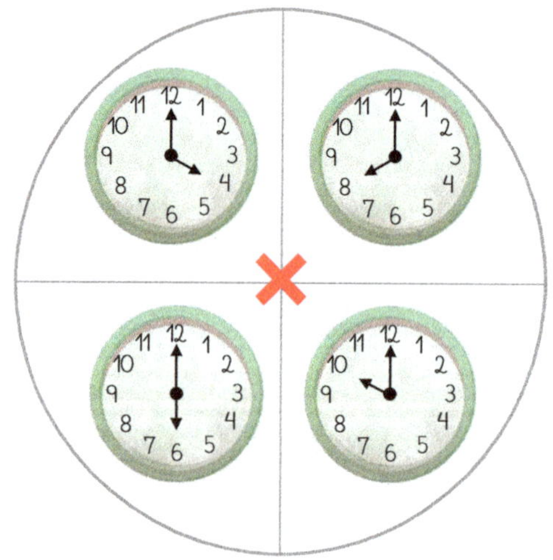

Ilustrações: Estúdio Ornitorrinco/Arquivo da editora

2. SE OS PARTICIPANTES TIRAREM O MESMO SETOR, GIRAM O CLIPE NOVAMENTE.

3. QUEM GANHAR A RODADA MARCA ✕ NO QUADRINHO DO PRÓPRIO LIVRO.

4. VENCE O JOGO QUEM MARCAR MAIS ✕ AO FIM DAS 4 RODADAS.

UNIDADE 3

CUIDANDO DA NATUREZA

Estúdio Ornitorrinco/Arquivo da editora

NINA E YURI ENCONTRARAM ALGO ERRADO NO PARQUE! NO LUGAR ONDE VOCÊ MORA, ISSO COSTUMA ACONTECER? O QUE PODEMOS FAZER PARA RESOLVER ESSE PROBLEMA?

FIGURINHAS

MARIANA ESTÁ COLECIONANDO FIGURINHAS DE UM ÁLBUM SOBRE ELEMENTOS DA NATUREZA.

- PINTE COM A MESMA COR O FUNDO DAS FIGURINHAS QUE POSSUEM:

FRUTAS

ELEMENTOS DO ESPAÇO

PESSOAS

ANIMAIS

ÁRVORES

FLORES

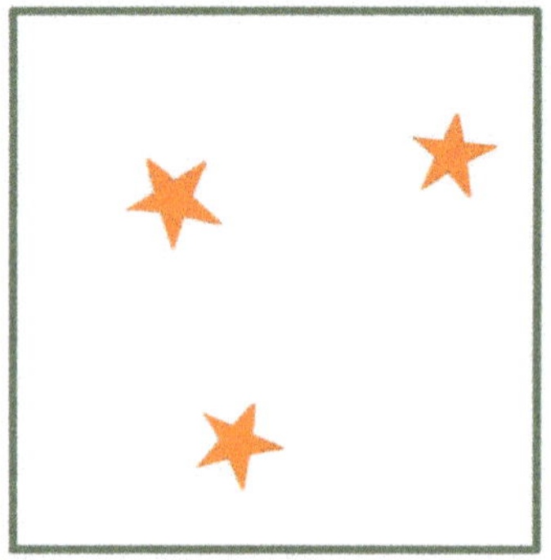

Ilustrações: Estúdio Ornitorrinco/ Arquivo da editora

SEPARANDO AS FIGURINHAS DE VEGETAIS E ANIMAIS

NUNO E PEDRO ESTÃO SEPARANDO AS FIGURINHAS DE ANIMAIS E AS FIGURINHAS DE VEGETAIS.

Ilustrações: Estúdio Ornitorrinco/ Arquivo da editora

- CONTORNE DE **ROXO** OS VEGETAIS.
- CONTORNE DE **LARANJA** OS ANIMAIS.
- MARQUE ✕ NA FIGURINHA QUE SOBROU.
- HÁ QUANTAS FIGURINHAS DE ANIMAIS? ☐ E DE VEGETAIS? ☐
- E NO TOTAL, HÁ QUANTAS FIGURINHAS? ☐

VAMOS ENCAIXAR E COLAR?

MATERIAL DE APOIO

YURI E SUA TURMA FIZERAM UM PASSEIO A UMA FAZENDA. LÁ VIRAM MUITAS PLANTAS E ANIMAIS.

Estúdio Ornitorrinco/Arquivo da editora

- DESTAQUE AS FIGURAS DA **PÁGINA 9**. COLE CADA UMA DELAS EM SEU LUGAR.
- CONVERSE COM OS COLEGAS SOBRE A CENA QUE APARECEU DEPOIS DA COLAGEM.

MUDANÇAS NA NATUREZA

ESTAVA UM BELO DIA, COM O SOL APARECENDO E O CÉU BEM AZUL.
DE REPENTE, O TEMPO MUDOU: O SOL SUMIU, O CÉU FICOU CINZA E A CHUVA COMEÇOU A CAIR.

- COMPLETE OS DESENHOS PARA ILUSTRAR A MUDANÇA DE TEMPO DESCRITA ACIMA.

Ilustrações: Estúdio Ornitorrinco/Arquivo da editora

A PLANTA QUE ISA CULTIVOU NO VASO DEU OS PRIMEIROS BROTOS, DEPOIS DEU FOLHAS VISTOSAS E, FINALMENTE, DEU BELAS FLORES.

- DESENHE O QUE FALTA PARA ILUSTRAR AS 3 ETAPAS DA SITUAÇÃO DESCRITA.

VIAGEM À LUA

VOCÊ SABIA QUE ALGUNS ASTRONAUTAS JÁ FORAM ATÉ A LUA?
QUAL SERÁ O MEIO DE TRANSPORTE QUE ELES USARAM PARA CHEGAR ATÉ LÁ?

- PARA DESCOBRIR, LIGUE OS NÚMEROS DE 0 A 10, NA SEQUÊNCIA.
  DEPOIS, PINTE A FIGURA COM AS CORES QUE QUISER.

JPL-Caltech/NASA

Estúdio Ornitorrinco/
Arquivo da editora

DESENHA DAQUI, PINTA DALI...

ISA E IARA GOSTAM MUITO DE DESENHAR E PINTAR SEGUINDO UM PADRÃO.
VEJA AS SEQUÊNCIAS DE FIGURAS RELACIONADAS AO ESPAÇO QUE ELAS FIZERAM.

Ilustrações: Estúdio Ornitorrinco/Arquivo da editora

- DESENHE E PINTE PELO MENOS MAIS 3 ELEMENTOS EM CADA SEQUÊNCIA.

VAMOS DESENHAR?

PEDRO VAI FAZER UM DESENHO NO QUAL DEVEM APARECER DIFERENTES ELEMENTOS DA NATUREZA.

- FAÇA VOCÊ TAMBÉM, MAS, ANTES, VEJA O QUE DEVE APARECER NO SEU DESENHO:

- DUAS ÁRVORES
- UM PÁSSARO EM CIMA DE UMA DAS ÁRVORES
- TRÊS FRUTAS NA OUTRA ÁRVORE
- UMA PLANTA COM FLOR, ENTRE AS DUAS ÁRVORES
- NUVENS
- O SOL

A ORDEM NOS DESENHOS

ISA DESENHOU UMA FLOR.

NUNO DESENHOU UM AVIÃO.

Ilustrações: Estúdio Ornitorrinco/Arquivo da editora

- ESCREVA 1º, 2º, 3º E 4º NOS QUADRINHOS DE ACORDO COM A ORDEM EM QUE CADA DESENHO FOI FEITO.

PEDRO E SEU FIEL COMPANHEIRO, O CACHORRINHO BILU

PEDRO TEM UM CACHORRINHO CHAMADO BILU. BILU É MUITO ENGRAÇADO: ÀS VEZES ESTÁ TRANQUILO, ÀS VEZES ESTÁ BRAVO.
PEDRO LEVOU BILU PARA TOMAR VACINA.

- MARQUE ✕ NA PRIMEIRA PESSOA DA FILA E ◯ NA ÚLTIMA DA FILA.

Estúdio Ornitorrinco/Arquivo da editora

VAMOS DESENHAR ANIMAIS?

LUCA GOSTA DE DESENHAR ANIMAIS. TERMINE OS DESENHOS QUE ELE COMEÇOU A FAZER.

- NESTE VOCÊ COBRE O TRACEJADO.

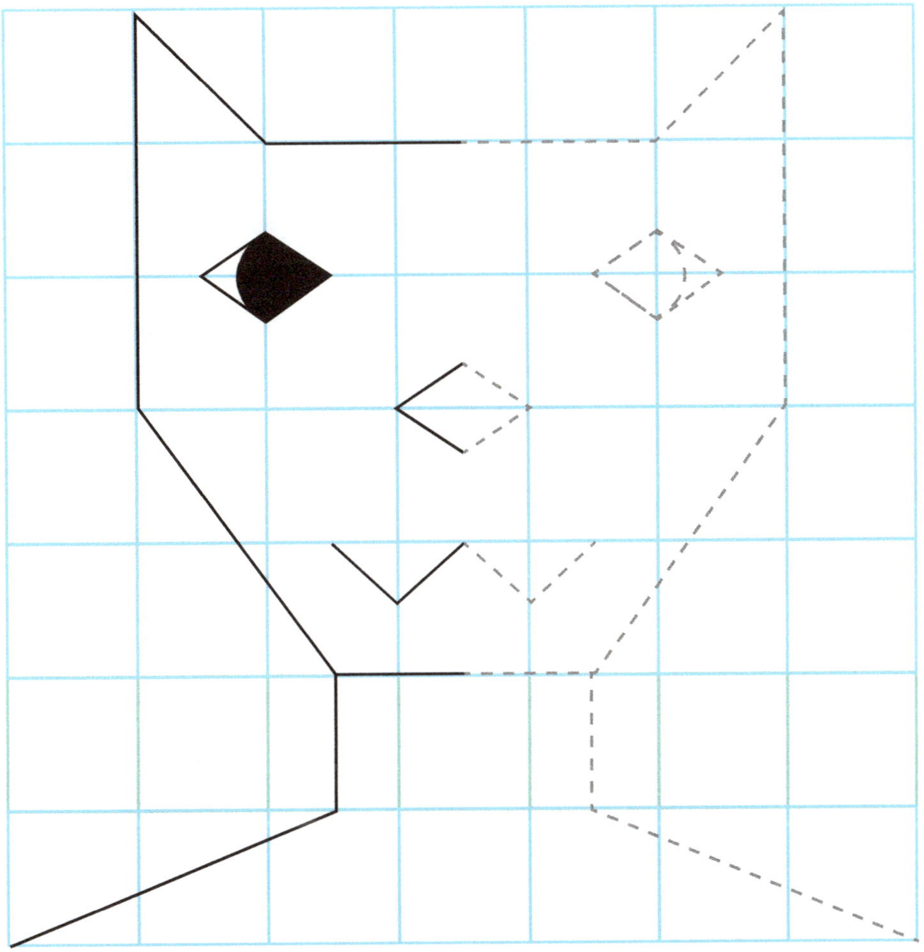

- ESTE VOCÊ COMPLETA.

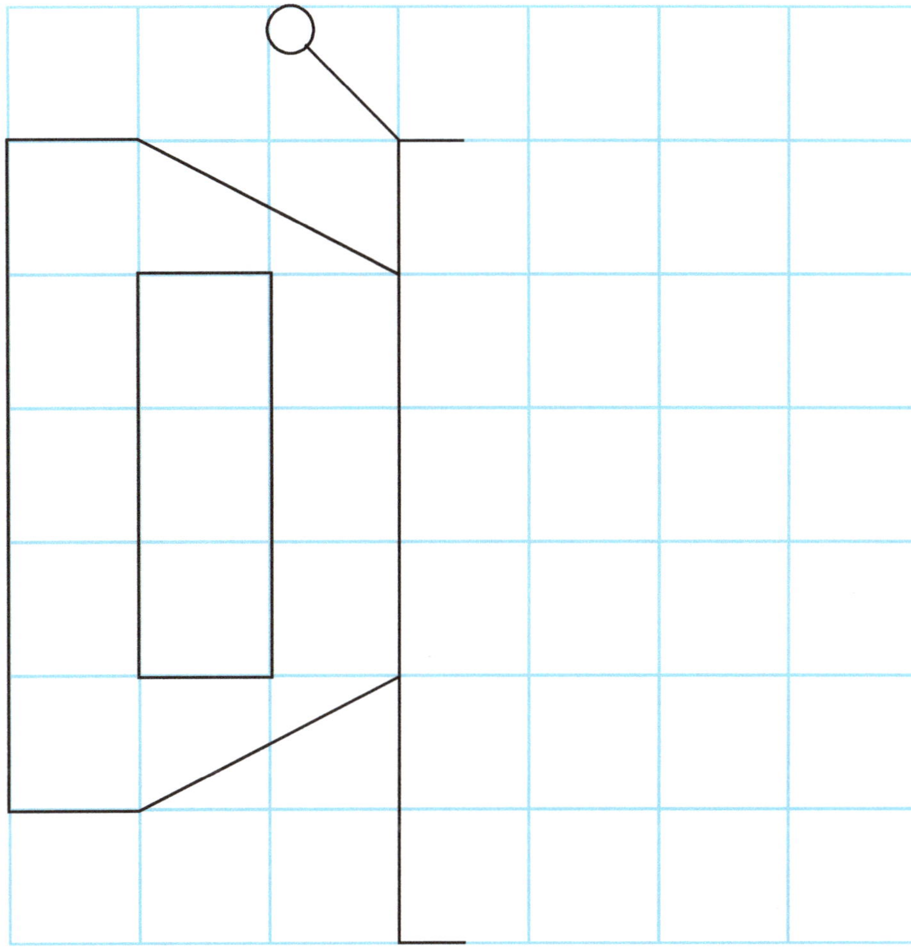

- REGISTRE O NOME DOS ANIMAIS DESENHADOS.

A POSIÇÃO DOS ANIMAIS

NINA ASSISTIU NA TV A UM PROGRAMA SOBRE ANIMAIS.
OBSERVE ALGUMAS CENAS QUE ELA VIU E FAÇA NELAS O QUE É PEDIDO.

- MARQUE X NO ANIMAL QUE ESTÁ ENTRE AS TARTARUGAS.

- CONTORNE O CACHORRO QUE ESTÁ ENTRE AS ÁRVORES.

- DESENHE UM PEIXE QUE ESTEJA NADANDO NO MESMO SENTIDO DO PEIXE **VERDE**. DEPOIS, PINTE-O DE **AZUL**.

Ilustrações: Estúdio Ornitorrinco/Arquivo da editora

- PINTE DE **AMARELO** O PATO QUE ESTÁ FORA DO LAGO E PINTE DE **CINZA** O OUTRO PATO.

PRESERVAR É PRECISO!

GABRIEL, ISA E YURI FORAM VISITAR UM PROJETO QUE CUIDA DA PRESERVAÇÃO DAS TARTARUGAS MARINHAS.

Estúdio Ornitorrinco/Arquivo da editora

- PINTE DE **VERDE** AS TARTARUGAS QUE ESTÃO DENTRO DO MAR.
- PINTE DE **MARROM** AS TARTARUGAS QUE ESTÃO FORA DO MAR.
- CONTORNE A CRIANÇA QUE ESTÁ MAIS LONGE DO MAR.

RECICLAR É PRECISO!

PARA PRESERVAR A NATUREZA, É IMPORTANTE ENCAMINHAR OS MATERIAIS USADOS PARA A RECICLAGEM. A TURMA DO YURI SE REUNIU PARA FAZER A COLETA DE MATERIAL RECICLÁVEL NO BAIRRO DA ESCOLA.

- LIGUE CADA CONJUNTO DE OBJETOS AO COLETOR DE MATERIAL RECICLÁVEL CORRESPONDENTE.

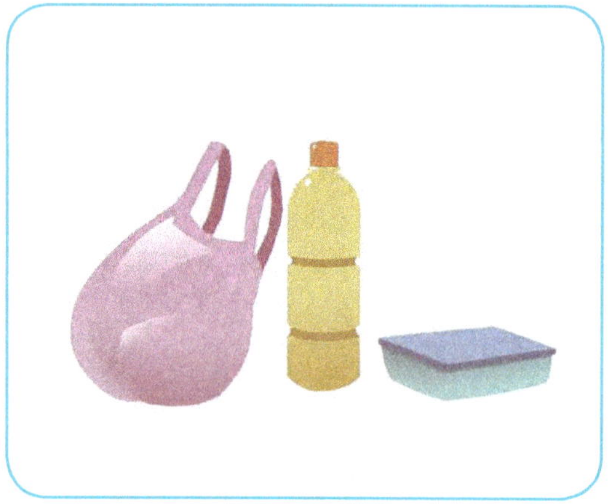

Ilustrações: Estúdio Ornitorrinco/ Arquivo da editora

ÁGUA: É IMPORTANTE ECONOMIZAR

A PROFESSORA VAI LER O QUE NUNO E NINA DISSERAM SOBRE ECONOMIA DE ÁGUA.

Ilustrações: Estúdio Ornitorrinco/Arquivo da editora

- EM CADA SITUAÇÃO ABAIXO, MARQUE ✕ NA CENA QUE ESTÁ DE ACORDO COM AS OBSERVAÇÕES DAS CRIANÇAS.

Galitsin/Shutterstock

Iam_Anupong/Shutterstock

Wavebreakmedia/Shutterstock

Fancy Studio/Shutterstock

- AGORA, CONVERSE COM OS COLEGAS SOBRE OUTRAS SITUAÇÕES DO DIA A DIA EM QUE DEVEMOS NOS PREOCUPAR COM A ECONOMIA DE ÁGUA.

JOGO DAS JARRAS COM CHÁ

REGRAS

1. CADA PONTUAÇÃO DO DADO CORRESPONDE A UMA JARRA, COMO INDICADO ABAIXO.

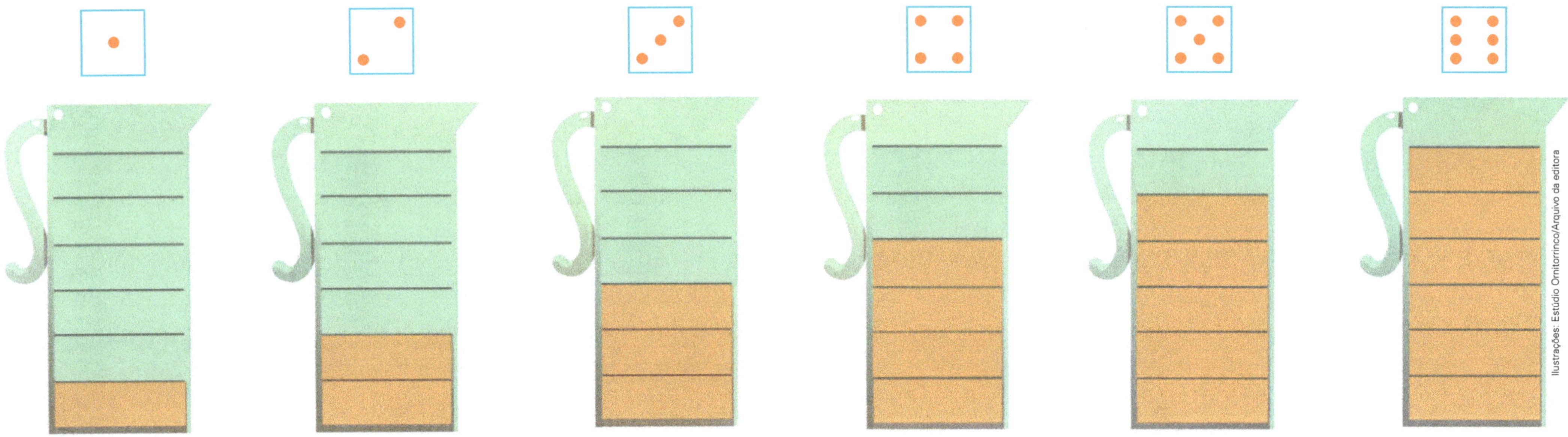

Ilustrações: Estúdio Ornitorrinco/Arquivo da editora

2. REÚNA-SE COM 2 COLEGAS. EM CADA RODADA, OS PARTICIPANTES JOGAM UM DADO E VERIFICAM QUANTO DE CHÁ TEM A JARRA SORTEADA.

3. O PARTICIPANTE QUE SORTEOU A JARRA COM MAIS CHÁ MARCA X EM UM DOS QUADROS DE PONTUAÇÃO DO FINAL DA PÁGINA. EM UMA MESMA RODADA, 2 OU ATÉ OS 3 PARTICIPANTES PODEM MARCAR X.

4. VENCE O JOGO QUEM MARCAR MAIS PONTOS APÓS 5 RODADAS.

PONTUAÇÃO

MAIS PESADO OU MAIS LEVE?

ISA E NINA ESTÃO FAZENDO COMPARAÇÕES DE FRUTAS, LEGUMES E FLORES PARA SABER O QUE É MAIS PESADO E O QUE É MAIS LEVE.

- EM CADA CASO, CONTORNE O QUE É MAIS PESADO E MARQUE ✕ NO QUE É MAIS LEVE.

- COMPARE AS FRUTAS AO LADO E PINTE DE **VERMELHO** AS QUE TÊM, APROXIMADAMENTE, O MESMO “PESO”. DEPOIS, PINTE DE **VERDE** A FRUTA MAIS PESADA.

Ilustrações: Estúdio Ornitorrinco/Arquivo da editora

MEDINDO O COMPRIMENTO COM A RÉGUA

LUCA ESTAVA ANSIOSO PARA USAR A RÉGUA QUE A MÃE DELE COMPROU.

- OBSERVE OS VEGETAIS E REGISTRE A MEDIDA DE COMPRIMENTO OBTIDA COM A RÉGUA EM CADA CASO.

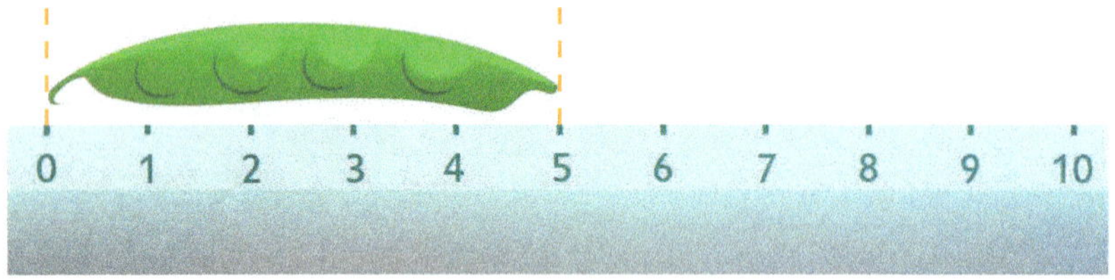

☐ CENTÍMETROS

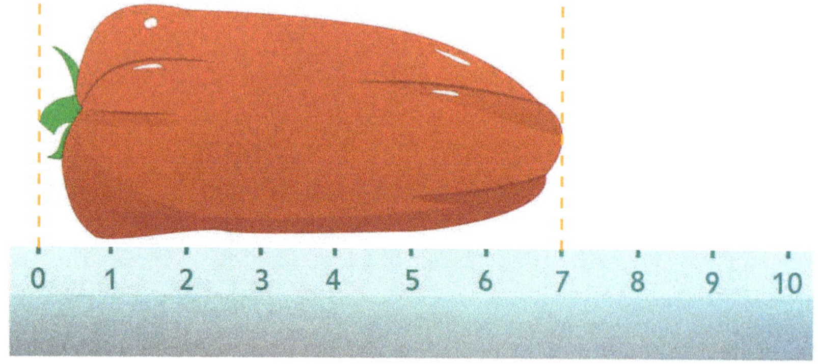

☐ CENTÍMETROS

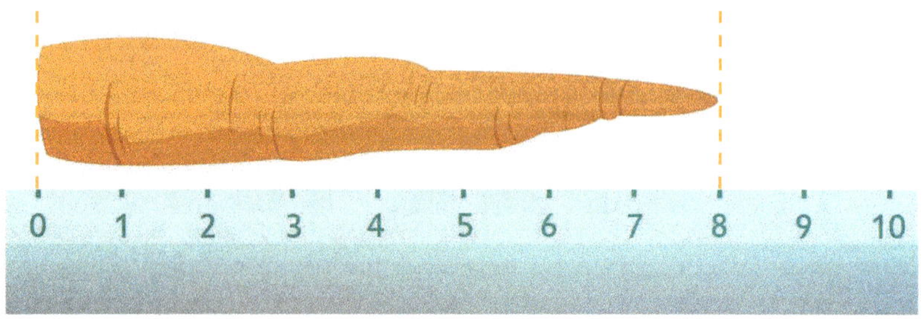

☐ CENTÍMETROS

☐ CENTÍMETROS

Ilustrações: Estúdio Ornitorrinco/ Arquivo da editora

MEDIDAS DE COMPRIMENTO

MATERIAL DE APOIO

- FAÇA UMA ESTIMATIVA DE QUANTOS (clipe) MEDE O DESENHO DE CADA VEGETAL. ESCREVA O NÚMERO QUE REPRESENTA ESSA ESTIMATIVA.

ESTIMATIVA: ☐ clipes MEDIDA: ☐ clipes

ESTIMATIVA: ☐ clipes MEDIDA: ☐ clipes

ESTIMATIVA: ☐ clipes MEDIDA: ☐ clipes

Ilustrações: Estúdio Ornitorrinco/ Arquivo da editora

ESTIMATIVA: ☐ clipes MEDIDA: ☐ clipes

- DESTAQUE AS FILEIRAS DE CLIPES DA **PÁGINA 9**. COLE CADA UMA NO LUGAR ADEQUADO PARA DETERMINAR A MEDIDA DO DESENHO DE CADA VEGETAL E ESCREVA O NÚMERO QUE REPRESENTA ESSA MEDIDA.
- COMPARE CADA MEDIDA COM A ESTIMATIVA QUE VOCÊ FEZ. ELA FOI BOA OU NÃO?

PASSEIO NO CAMPO

YURI E ALGUNS AMIGOS FORAM FAZER UM PASSEIO NA CHÁCARA DO TIO FELIPE.

- CONTE OS ANIMAIS E COMPLETE A TABELA COM RISQUINHOS. FAÇA 1 RISQUINHO PARA REPRESENTAR CADA ANIMAL.

Ilustrações: Estúdio Ornitorrinco/Arquivo da editora

	QUANTIDADE DE ANIMAIS

- QUANTOS PORCOS HÁ NA CENA?
- QUANTAS GALINHAS HÁ NA CENA?
- QUANTOS PATOS HÁ NA CENA?
- QUANTAS GALINHAS HÁ A MAIS DO QUE PATOS?
- QUANTAS VACAS HÁ A MENOS DO QUE PORCOS?
- AO TODO, HÁ QUANTOS ANIMAIS?
  EXPLIQUE COMO VOCÊ FEZ PARA DESCOBRIR.

CONTANDO FRUTAS

PARA CONTAR FRUTAS, JOÃO SEPARA GRUPOS DE 10 E VERIFICA QUANTAS SOBRAM. DEPOIS, ELE ESCREVE O NÚMERO QUE INDICA A QUANTIDADE TOTAL DE FRUTAS.

- FAÇA COMO JOÃO E CALCULE A QUANTIDADE DE FRUTAS EM CADA CASO.

GRUPOS DE 10	UNIDADES

GRUPOS DE 10	UNIDADES

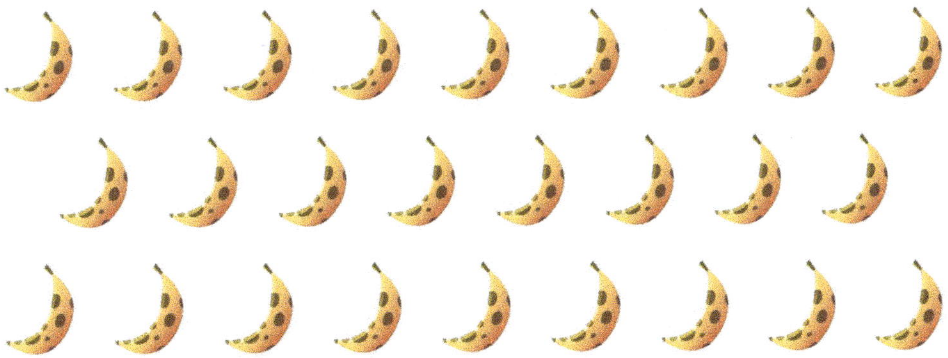

GRUPOS DE 10	UNIDADES

GRUPOS DE 10	UNIDADES

Ilustrações: Estúdio Ornitorrinco/Arquivo da editora

PASSEIO NO JARDIM

ISA, NINA E IARA ESTÃO COM MARIANA NO JARDIM DA CASA DELA. LÁ HÁ MUITAS FLORES, PASSARINHOS E BORBOLETAS.

VAMOS CONTAR E REGISTRAR QUANTOS SÃO?

- CONTE, SEPARANDO EM GRUPOS DE 10, AS FLORES, OS PASSARINHOS E AS BORBOLETAS. DEPOIS, ESCREVA O NÚMERO NOS QUADRINHOS.

Ilustrações: Estúdio Ornitorrinco/Arquivo da editora

ORIGEM DAS CORES

NUNO, PEDRO E JOÃO ESTAVAM CURIOSOS PARA SABER COMO SURGEM AS CORES **VERDE**, **LARANJA** E **ROXA**. VAMOS AJUDÁ-LOS A DESCOBRIR?

- PINTE UM CÍRCULO DE **AMARELO**, OUTRO DE **AZUL** E OUTRO DE **VERMELHO**.

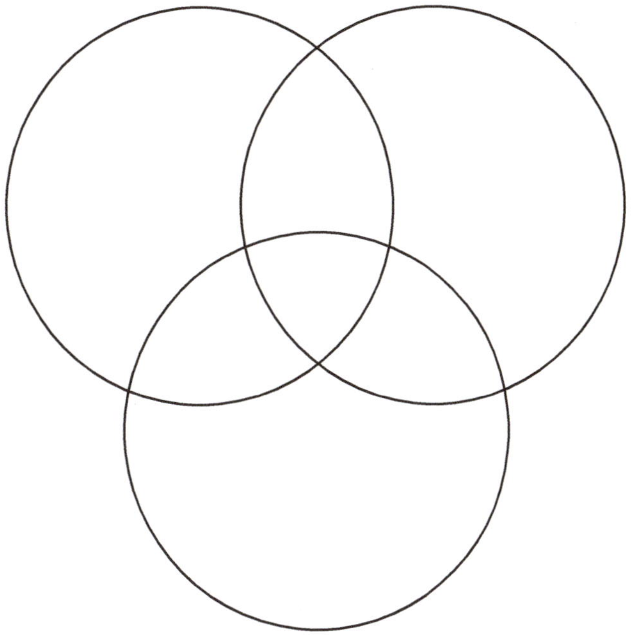

Estúdio Ornitorrinco/ Arquivo da editora

PINTE OS QUADRINHOS PARA RESPONDER.

- A MISTURA DE **AMARELO** COM **AZUL** DEU A COR ☐.
- A MISTURA DE **AMARELO** COM **VERMELHO** DEU A COR ☐.
- A MISTURA DE **VERMELHO** COM **AZUL** DEU A COR ☐.

A COR FAVORITA

VEJA O QUE YURI, GABRIEL E IARA DISSERAM.

Ilustrações: Estúdio Ornitorrinco/Arquivo da editora

- DESENHE E PINTE, EM CADA QUADRO, COISAS QUE TENHAM AS CORES FAVORITAS DE YURI, DE GABRIEL E DE IARA.

DESAFIO COM CORES

LUCA PINTOU PARTE DE UM DESENHO SEGUINDO UM PADRÃO.

- OBSERVE AS CORES QUE LUCA USOU E DESCUBRA QUAL FOI O PADRÃO QUE ELE SEGUIU.

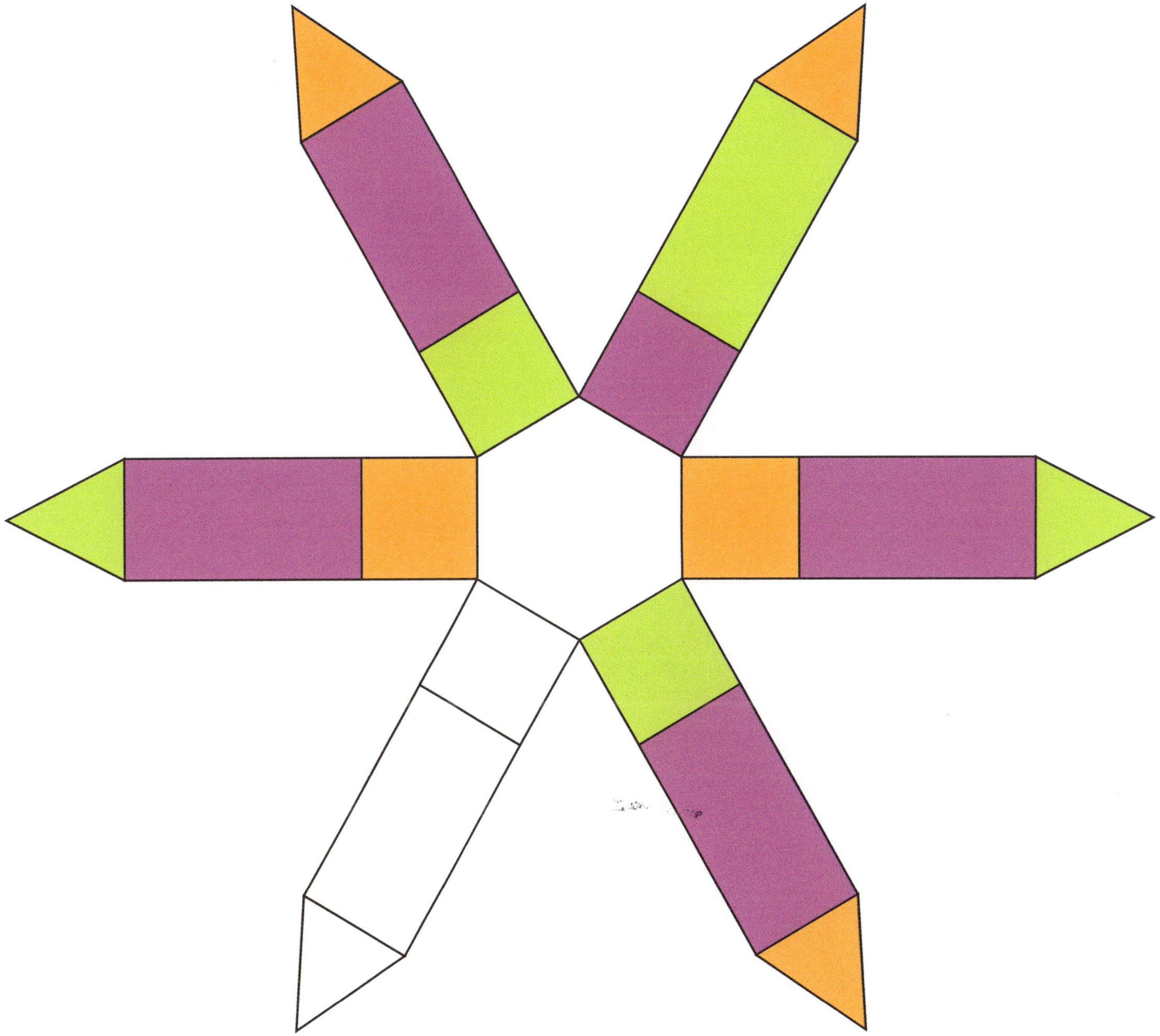

- PINTE AS PARTES QUE FALTAM NO DESENHO ACIMA MANTENDO O PADRÃO DO QUE JÁ FOI PINTADO.

BRINCANDO COM O AR: PIPAS

UM GRUPO DE AMIGOS DE GABRIEL RESOLVEU APROVEITAR O VENTO E SOLTAR PIPAS.

Estúdio Ornitorrinco/Arquivo da editora

ANTES, FOI FEITA UMA PESQUISA SOBRE A PREFERÊNCIA DE CORES DAS PIPAS. VEJA O RESULTADO NO GRÁFICO.

CORES PREFERIDAS

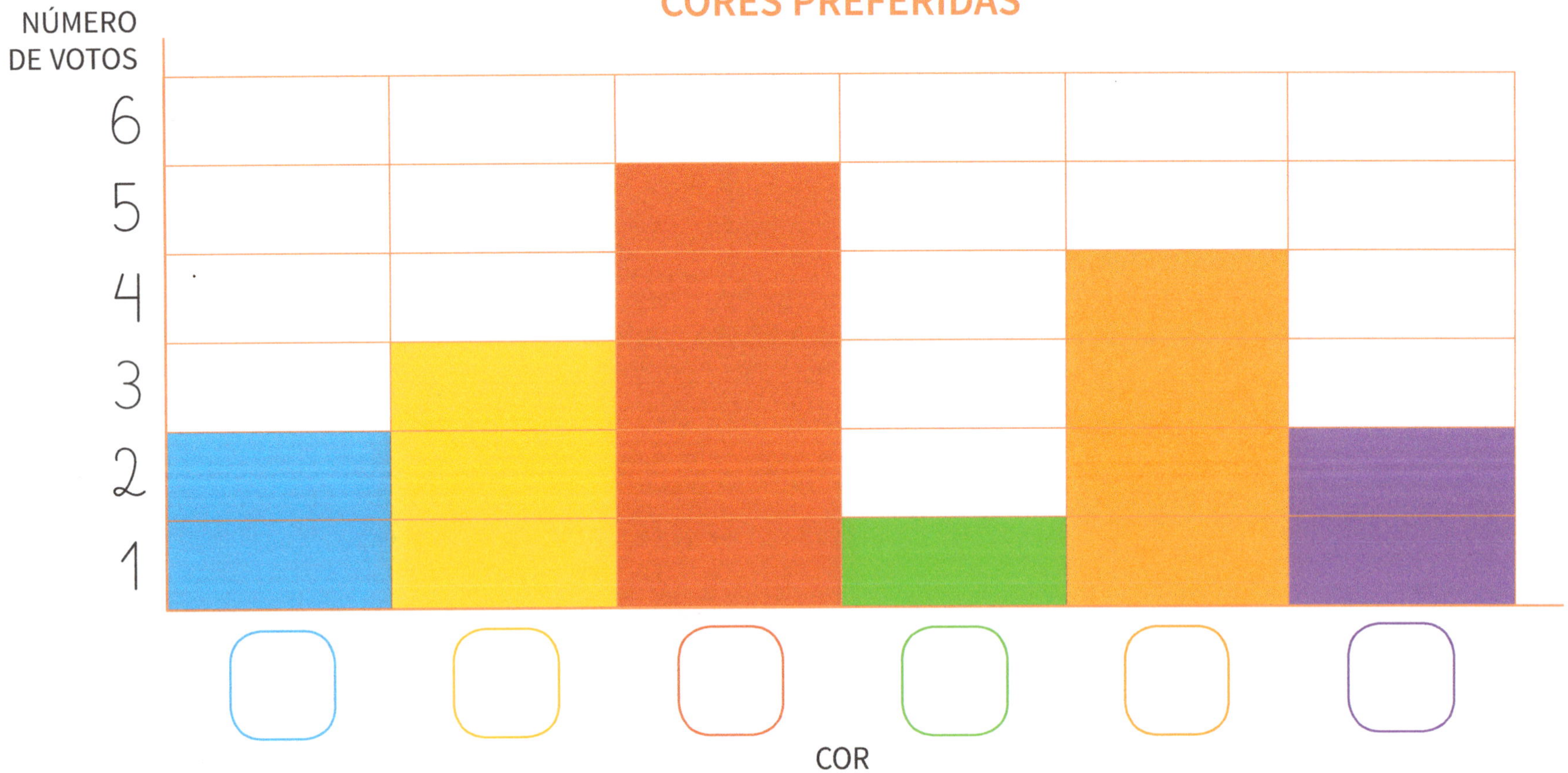

- MARQUE NOS QUADRINHOS ABAIXO DO GRÁFICO O NÚMERO DE VOTOS PARA CADA COR.

SEQUÊNCIA DE CORES

O PAI DE LUCA CONTRATOU UM PINTOR PARA PINTAR O MURO DA CASA DELES.

Estúdio Ornitorrinco/Arquivo da editora

- CONTORNE COM LÁPIS DE COR **AZUL** A LATA DE TINTA QUE ESTÁ EM CIMA DA ESCADA.
- CONTORNE COM LÁPIS DE COR **VERMELHO** A LATA DE TINTA QUE ESTÁ EMBAIXO DA ESCADA.
- MARQUE ✕ NA LATA DE TINTA MAIOR.
- PINTE O QUADRINHO AO LADO COM A COR QUE O PINTOR DEVE USAR NA PRÓXIMA FAIXA. ☐

JOGO DAS CORES SECUNDÁRIAS

MATERIAL DE APOIO

REGRAS

1. JUNTE-SE A 2 COLEGAS PARA JOGAR.
2. DESTAQUE AS CARTAS DA **PÁGINA 11**. JOGUEM "DOIS OU UM" PARA VER QUEM COMEÇA.
3. NA SUA VEZ, CADA PARTICIPANTE SORTEIA UMA CARTA, LOCALIZA O QUADRO ABAIXO QUE CORRESPONDE À CARTA SORTEADA E RESPONDE À QUESTÃO PROPOSTA.

A

C

E

B

D

F

Ilustrações: Estúdio Ornitorrinco/ Arquivo da editora

4. SE O ELEMENTO DA RESPOSTA FOR DE COR **LARANJA**, O PARTICIPANTE MARCA XXX NO QUADRO DE PONTUAÇÃO; SE FOR DE COR **ROXA**, ELE MARCA XX; E SE FOR DE COR **VERDE**, ELE MARCA X.
5. VENCE O JOGO QUEM TIVER MARCADO MAIS PONTOS APÓS O SORTEIO DAS 6 CARTAS.

PONTUAÇÃO

DIREITA E ESQUERDA

NUNO E NINA ESTÃO NO PARQUE.
SE CAMINHAREM PARA A DIREITA (→), CHEGARÃO AO LAGO.
SE CAMINHAREM PARA A ESQUERDA (←), ENCONTRARÃO A GIRAFA.

Estúdio Ornitorrinco/Arquivo da editora

- PINTE DE **VERDE** O LAGO QUE ESTÁ À DIREITA DELES.
- PINTE DE **AMARELO** A GIRAFA QUE ESTÁ À ESQUERDA DELES.

COM QUAL MÃO?

GABRIEL ESCREVE COM A MÃO ESQUERDA.
JOÃO ESCREVE COM A MÃO DIREITA.

E VOCÊ, COM QUAL MÃO ESCREVE?

- MARQUE X NA MÃO ESQUERDA E NO PÉ ESQUERDO.
- MARQUE O NA MÃO DIREITA E NO PÉ DIREITO.

Ilustrações: Estúdio Ornitorrinco/ Arquivo da editora

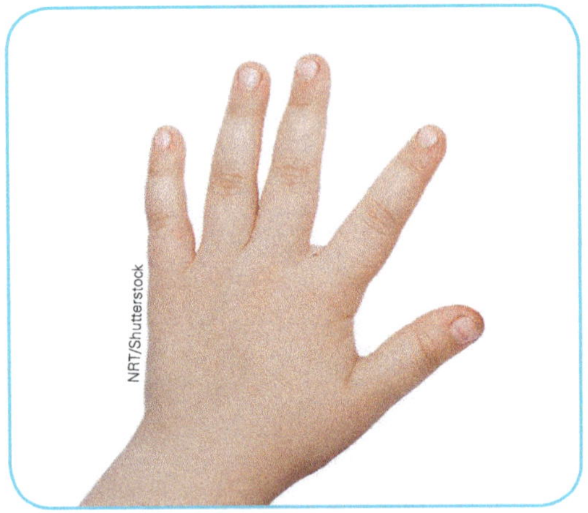

NRT/Shutterstock

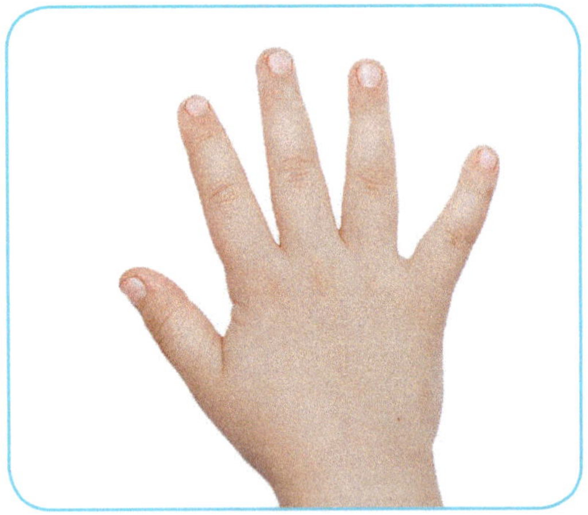

( )

( )

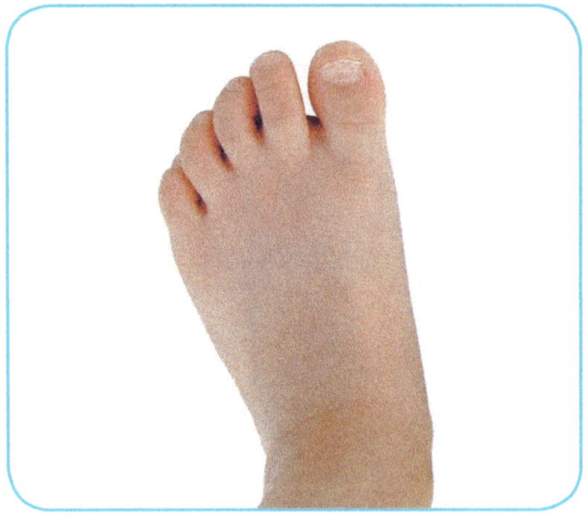

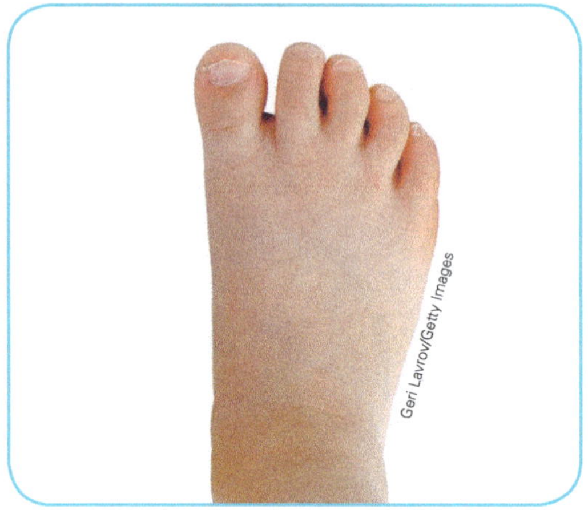

Geri Lavrov/Getty Images

( )

( )

- COM QUAL MÃO NUNO ESTÁ ESCREVENDO? MARQUE COM UM X.

( ) DIREITA. ( ) ESQUERDA.

A FIGURINHA QUE COMPLETA O ÁLBUM DE GABRIEL

GABRIEL TAMBÉM COLECIONOU FIGURINHAS DE UM ÁLBUM SOBRE ELEMENTOS DA NATUREZA.

AGORA ELE CONSEGUIU A FIGURINHA QUE COMPLETA O ÁLBUM.

- SIGA AS INSTRUÇÕES ABAIXO E DESCUBRA QUAL FOI A FIGURINHA QUE GABRIEL CONSEGUIU.

1. COMECE NO QUADRINHO INDICADO PELA SETA E ANDE 2 QUADRINHOS PARA CIMA.
2. EM SEGUIDA, VIRE PARA A DIREITA E ANDE 2 QUADRINHOS.
3. VIRE PARA CIMA E ANDE 3 QUADRINHOS.
4. DEPOIS, VIRE PARA A ESQUERDA E ANDE 4 QUADRINHOS.
5. POR FIM, VIRE PARA CIMA E ANDE 2 QUADRINHOS.

Ilustrações: Estúdio Ornitorrinco/ Arquivo da editora

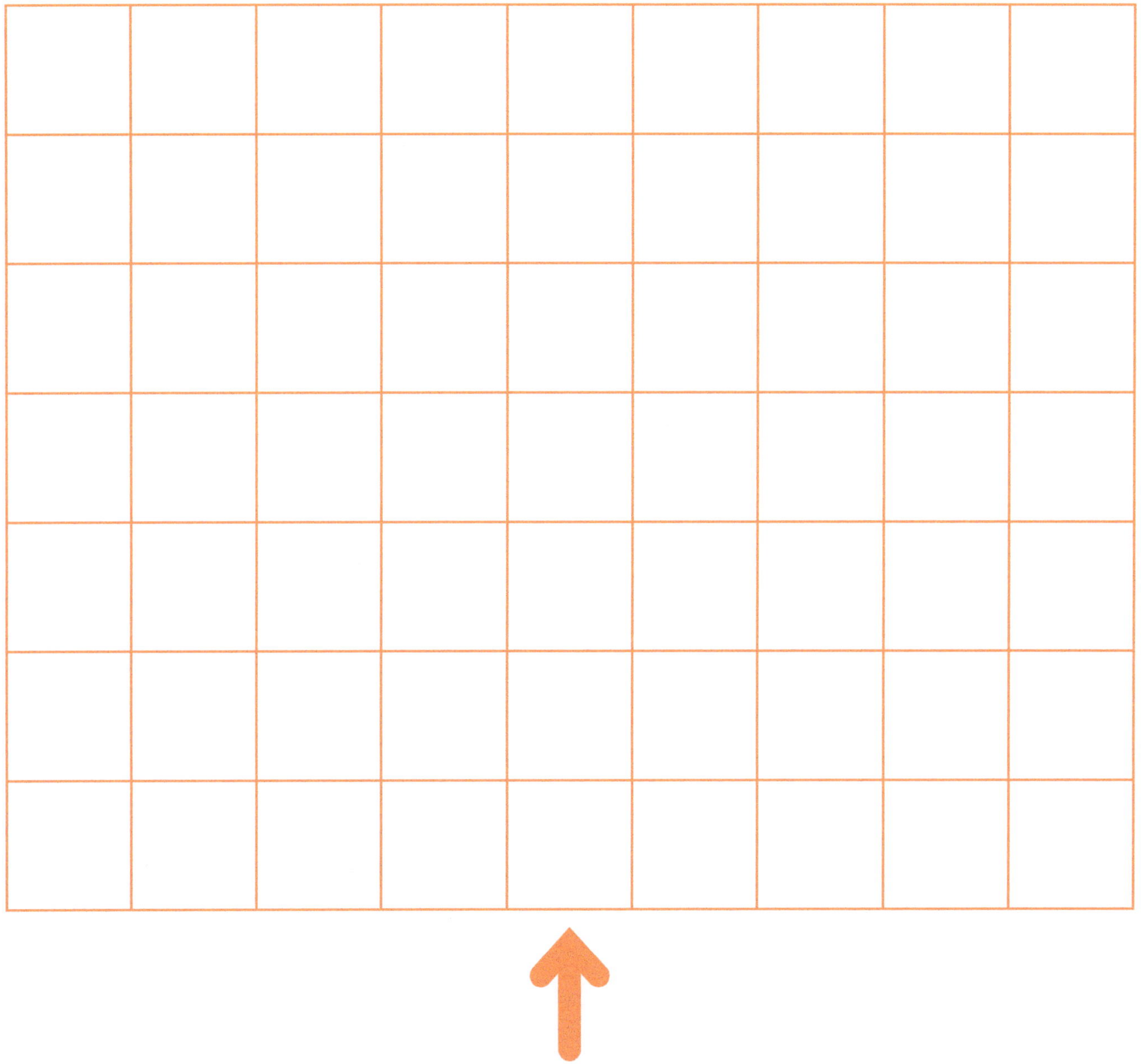

COM PONTA E SEM PONTA

MARIANA OBSERVOU O FORMATO DE 3 FRUTAS E VERIFICOU QUE 2 DELAS NÃO TÊM PONTAS.

• CONTORNE AS 2 FRUTAS.

JOÃO OBSERVOU OS DESENHOS DE 3 ELEMENTOS DO ESPAÇO.

• LIGUE OS 2 DESENHOS QUE TÊM PONTAS.

Ilustrações: Estúdio Ornitorrinco/Arquivo da editora

SÓLIDOS GEOMÉTRICOS COM PONTAS E SEM PONTAS

NINA E YURI ESTÃO OBSERVANDO ALGUNS SÓLIDOS GEOMÉTRICOS.

Ilustrações: Estúdio Ornitorrinco/Arquivo da editora

- CONTORNE AS FIGURAS QUE TÊM PONTAS.
- MARQUE ✕ NAS FIGURAS QUE ROLAM.
- QUANTAS PONTAS TEM O CUBO? ☐
- QUANTAS PONTAS TEM A ESFERA? ☐

ROLA OU NÃO ROLA?

JOÃO ESTÁ MUITO CURIOSO PARA SABER QUAIS SÓLIDOS GEOMÉTRICOS ROLAM E QUAIS NÃO ROLAM.

- CONTORNE DE **VERMELHO** TODOS OS OBJETOS QUE TÊM O MESMO FORMATO DO CUBO.
- MARQUE ✕ NOS OBJETOS QUE ROLAM.
- MARQUE ○ NOS OBJETOS QUE NÃO ROLAM.

Fotoksa/Shutterstock

Givaga/Shutterstock

- MARQUE ✕ NAS FRASES CORRETAS:

O CUBO NÃO ROLA. ☐

A BOLA ROLA. ☐

O CUBO NÃO É REDONDO. ☐

A BOLA NÃO É REDONDA. ☐

O CUBO ROLA. ☐

A BOLA É REDONDA. ☐

Swapan Photography/Shutterstock

Alexeysun/Shutterstock

Pavel Hlystov/Shutterstock

bogdan ionescu/Shutterstock

Estúdio Ornitorrinco/ Arquivo da editora

UMA ESTANTE DIFERENTE

GABRIEL AJUDOU A PROFESSORA A COLOCAR OS SÓLIDOS GEOMÉTRICOS EM UMA ESTANTE.

- PINTE DE **VERMELHO** OS SÓLIDOS GEOMÉTRICOS QUE TÊM PONTAS.
- PINTE DE **AZUL** OS SÓLIDOS GEOMÉTRICOS QUE TÊM PARTES ARREDONDADAS.

Estúdio Ornitorrinco/Arquivo da editora

- NESSA ESTANTE, HÁ QUANTOS SÓLIDOS QUE ROLAM? ☐
- QUANTOS SÃO OS SÓLIDOS QUE NÃO ROLAM? ☐
- QUAL É O TOTAL DE SÓLIDOS DESTA ESTANTE? ☐

FIGURAS PLANAS COM PONTAS E SEM PONTAS

O TIO DE ISA PLANTA FLORES, VERDURAS E LEGUMES EM CANTEIROS DE VÁRIOS FORMATOS.

- VEJA ALGUNS DELES E ESCREVA O NÚMERO DE PONTAS DO CONTORNO DE CADA CANTEIRO.

Ilustrações: Estúdio Ornitorrinco/Arquivo da editora

☐ PONTAS

☐ PONTAS

☐ PONTA

☐ PONTAS

☐ PONTAS

- AGORA, MARQUE ✕ NO CANTEIRO COM FORMATO QUADRADO E MARQUE ◯ NO CANTEIRO CIRCULAR.

UNIDADE 4

APRENDER É DIVERTIDO!

Estúdio Ornitorrinco/Arquivo da editora

YURI, GABRIEL, PEDRO E NINA ESTÃO BRINCANDO DE TRILHA NO PARQUE, MAS ESTÃO FALTANDO ALGUNS NÚMEROS. VOCÊ SABE QUAIS SÃO? QUEM PARECE ESTAR GANHANDO O JOGO?

NÚMEROS NAS BRINCADEIRAS

- COMPLETE A AMARELINHA COM OS NÚMEROS QUE FALTAM.

- NA BRINCADEIRA DE PULAR CORDA, QUAL É O NÚMERO QUE VEM LOGO DEPOIS DO 13?

- NO JOGO DE BOLICHE, MARQUE ○ NO NÚMERO QUE VEM LOGO ANTES DO 8.

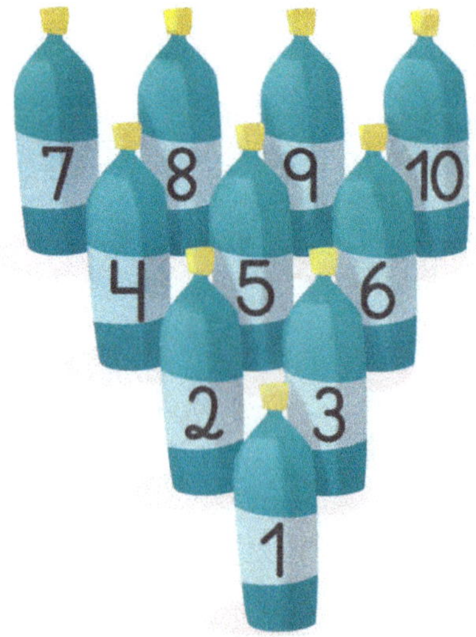

Ilustrações: Estúdio Ornitorrinco/ Arquivo da editora

NÚMEROS NOS JOGOS E NAS COMPETIÇÕES

- NO JOGO DE FUTEBOL, CONTORNE O PLACAR DO TIME QUE ESTÁ GANHANDO.

Ilustrações: Estúdio Ornitorrinco/Arquivo da editora

NO JOGO DE BASQUETE, O TIME **LARANJA** ESTÁ GANHANDO.

- QUANTOS PONTOS O TIME JÁ FEZ? ☐

- QUANTOS PONTOS O TIME VERDE FEZ? ☐

- QUANTOS PONTOS FALTAM PARA O TIME VERDE EMPATAR O JOGO? ☐

CORRIDA NO PARQUINHO

REGRAS

1. CONVIDE 1 COLEGA PARA JOGAR.
2. UM PARTICIPANTE JOGA 1 DADO E ANDA COM O MARCADOR A QUANTIDADE DE CASAS CORRESPONDENTE AOS PONTOS QUE TIROU.
3. SE NA CASA QUE O MARCADOR PARAR HOUVER ALGUMA ORIENTAÇÃO, ELA DEVE SER SEGUIDA NA MESMA RODADA.
4. VENCE QUEM CHEGAR PRIMEIRO AO FIM DO PERCURSO.

Estúdio Ornitorrinco/Arquivo da editora

MARCHA, SOLDADO

A TURMA DE YURI ESTÁ BRINCANDO DE MARCHA, SOLDADO.

Estúdio Ornitorrinco/ Arquivo da editora

- PINTE DE **LARANJA** O CHAPÉU DAS CRIANÇAS QUE SE ORGANIZARAM EM 2 FILAS E ESTÃO MARCHANDO NO MESMO SENTIDO.
- PINTE DE **VERDE** O CHAPÉU DAS CRIANÇAS QUE ESTÃO MARCHANDO EM SENTIDO CONTRÁRIO AO DE NINA.
- QUAL É O TOTAL DE CRIANÇAS DESTA PÁGINA?
- QUEM ESTÁ ATRÁS DE JOÃO?
- QUEM ESTÁ NA FRENTE DE LUCA?

BRINQUEDOS ORGANIZADOS

YURI GOSTA DE ORGANIZAR SEUS BRINQUEDOS NAS PRATELEIRAS DO QUARTO. ELE COLOCA CADA BRINQUEDO EM SEU LUGAR. E VOCÊ, TAMBÉM FAZ ISSO?

Estúdio Ornitorrinco/Arquivo da editora

CONVERSE COM OS COLEGAS SOBRE ESTAS QUESTÕES.

- COMO YURI PENSOU PARA SEPARAR SEUS BRINQUEDOS ASSIM?
- E VOCÊ, SEPARARIA OS BRINQUEDOS DE OUTRO MODO?
- EM QUAL DAS PRATELEIRAS HÁ MAIS BRINQUEDOS?

AS FIGURINHAS DE GABRIEL E PEDRO

MATERIAL DE APOIO

GABRIEL E PEDRO COLECIONAM FIGURINHAS E VÃO COLAR ALGUMAS EM SEUS ÁLBUNS. VAMOS COLAR TAMBÉM?

- DESTAQUE AS FIGURINHAS DA **PÁGINA 11**.
- COLE-AS NOS DOIS QUADROS ACIMA, ORGANIZANDO-AS COMO QUISER.

COLEÇÃO DE FIGURINHAS

MARIANA TAMBÉM GOSTA DE COLECIONAR FIGURINHAS.

- MARIANA COLOU ESSAS FIGURINHAS NA MESMA PÁGINA DO ÁLBUM. O QUE ELAS TÊM EM COMUM? CONVERSE COM OS COLEGAS.

Ilustrações: Estúdio Ornitorrinco/Arquivo da editora

- MARQUE X NAS FIGURINHAS QUE PODEM SER COLADAS NESSA PÁGINA DO ÁLBUM DE MARIANA.
- MARQUE O NAS FIGURINHAS QUE NÃO PODEM SER COLADAS NESSA PÁGINA.

PREÇOS DE BRINQUEDOS

ISA E ALGUNS COLEGAS FORAM À LOJA DE BRINQUEDOS PESQUISAR PREÇOS. VEJA O RESULTADO DA PESQUISA DELES.

- COMPLETE O GRÁFICO ABAIXO. PRIMEIRO ESCREVA OS NÚMEROS QUE ESTÃO FALTANDO E, DEPOIS, PINTE UM QUADRINHO PARA CADA REAL.

PREÇOS DE BRINQUEDOS

Ilustrações: Estúdio Ornitorrinco/Arquivo da editora

- MARQUE ✕ NO BRINQUEDO MAIS CARO.
- CONTORNE O BRINQUEDO MAIS BARATO.

SEPARANDO FIGURAS

ISA E NINA ESTÃO SEPARANDO FIGURAS DE UM JOGO QUE ISA GANHOU. VAMOS AJUDÁ-LAS?

Estúdio Ornitorrinco/ Arquivo da editora

- DESTAQUE AS FIGURAS DA **PÁGINA 13**.
- ESCOLHA UMA MANEIRA DE SEPARAR ESSAS FIGURAS EM 2 AGRUPAMENTOS.
- COMO VOCÊ PENSOU PARA SEPARAR AS FIGURAS?
- AGORA, COLE CADA GRUPO DE FIGURAS EM UM QUADRO.

- QUANTAS FIGURAS HÁ EM UM GRUPO? ☐ E NO OUTRO? ☐
- E NOS 2 JUNTOS? ☐
- COMPARE SUA COLAGEM COM A DE UM COLEGA. VERIFIQUE SE ELE COLOU AS FIGURAS DA MESMA MANEIRA QUE VOCÊ E SE É POSSÍVEL FAZER A SEPARAÇÃO DE MANEIRA DIFERENTE.

PEÇAS DE DOMINÓ: VAMOS BRINCAR COM ELAS?

- FAÇA ESTA ATIVIDADE COM UM COLEGA. COM O AUXÍLIO DE UM LÁPIS E UM CLIPE, UM DOS PARTICIPANTES SORTEIA AS PEÇAS NA ROLETA, DEIXANDO A PONTA DO LÁPIS SOBRE O ✕. O OUTRO PINTA O QUADRINHO COM O NÚMERO DE PONTOS DAS PEÇAS SORTEADAS.

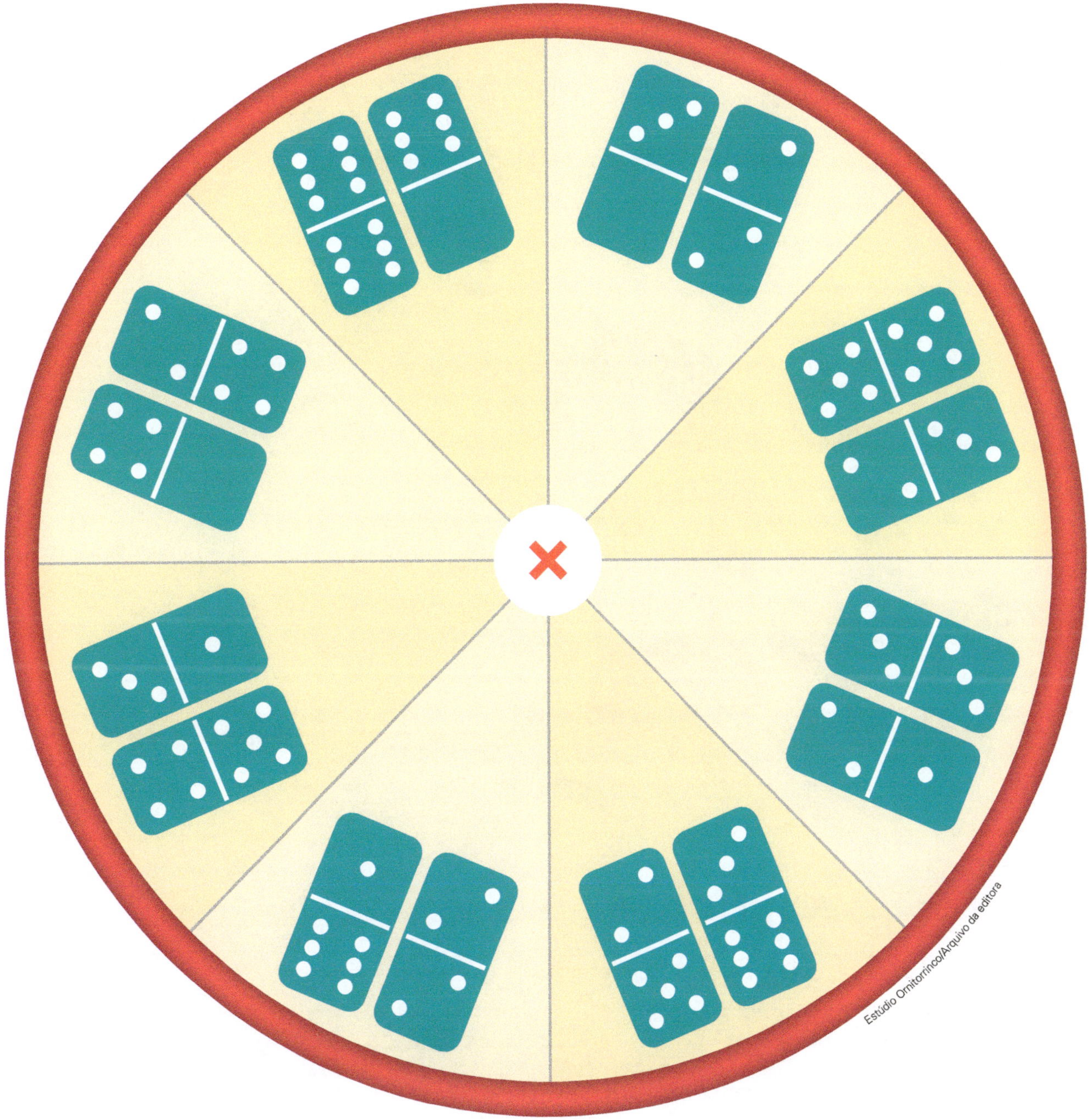

Estúdio Ornitorrinco/Arquivo da editora

9	16
11	13
10	15
18	7

FUTEBOL, UM JOGO DIVERTIDO

YURI, GABRIEL, NINA, PEDRO, LUCA E MARIANA ESTÃO JOGANDO FUTEBOL.

Estúdio Ornitorrinco/Arquivo da editora

- PINTE DE **AZUL** A CAMISETA DO JOGADOR QUE ESTÁ MAIS PERTO DA TRAVE.
- PINTE DE **VERMELHO** A CAMISETA DO JOGADOR QUE ESTÁ MAIS LONGE DA TRAVE.
- A BOLA ESTÁ MAIS PERTO DE QUEM?

ESPORTE FAVORITO

IARA PESQUISOU QUAL ERA O ESPORTE FAVORITO DA TURMA DELA. VAMOS FAZER ESTA PESQUISA COM SUA TURMA TAMBÉM?

- PERGUNTE A 10 COLEGAS: DE QUE ESPORTE VOCÊ GOSTA MAIS: BASQUETE, FUTEBOL OU NATAÇÃO? PARA CADA VOTO, FAÇA UM TRACINHO NA TABELA AO LADO.

ESPORTE FAVORITO	
BASQUETE	
FUTEBOL	
NATAÇÃO	

- MARQUE ✕ NA IMAGEM DO ESPORTE MAIS VOTADO.
- MARQUE ○ NA IMAGEM DO ESPORTE MENOS VOTADO.

- QUAL ESPORTE FOI MAIS VOTADO: FUTEBOL OU NATAÇÃO?

☐ FUTEBOL ☐ NATAÇÃO

- QUAL ESPORTE FOI MENOS VOTADO: BASQUETE OU FUTEBOL?

☐ BASQUETE ☐ FUTEBOL

Ilustrações: Estúdio Ornitorrinco/Arquivo da editora

PASSEIO FAVORITO

YURI FEZ UMA PESQUISA COM SUA TURMA. IARA FEZ A MESMA PESQUISA COM OS ALUNOS DE OUTRA TURMA.
ELES FIZERAM A PERGUNTA: QUAL É SEU PASSEIO FAVORITO?
ELES CONSTRUÍRAM TABELAS PARA MOSTRAR OS RESULTADOS MARCANDO 1 TRACINHO PARA CADA VOTO.

Estúdio Ornitorrinco/Arquivo da editora

- QUANTAS CRIANÇAS YURI ENTREVISTOU?
- QUANTAS CRIANÇAS IARA ENTREVISTOU?
- EM QUAL PESQUISA O CINEMA FOI O MAIS VOTADO?
- EM QUAL PESQUISA O ZOOLÓGICO FOI O MENOS VOTADO?

SEQUÊNCIAS: DESCUBRA COMO CONTINUAM

NINA GANHOU UM LIVRO DE DESAFIOS. UM DELES É O DE COMPLETAR SEQUÊNCIAS SEGUINDO UM PADRÃO.

- OBSERVE AS SEQUÊNCIAS DOS DESENHOS, DESCUBRA COMO CADA UMA COMEÇOU E COMPLETE-AS PINTANDO O QUE FALTA.

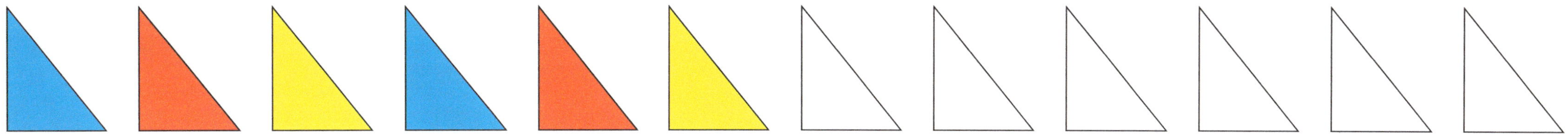

Estúdio Ornitorrinco/ Arquivo da editora

DESCOBRINDO PADRÕES

MARIANA TAMBÉM ADORA DESCOBRIR PADRÕES EM SEQUÊNCIAS DE FIGURAS. VAMOS AJUDÁ-LA A DESCOBRIR MAIS ALGUNS PADRÕES?

Estúdio Ornitorrinco/Arquivo da editora

- CONTINUE DESENHANDO PARA COMPLETAR AS SEQUÊNCIAS.

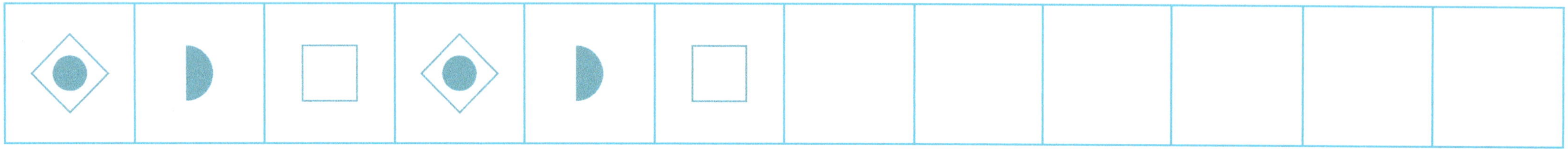

- AGORA É SUA VEZ. INVENTE UMA SEQUÊNCIA QUE SIGA UM PADRÃO.

- AGORA, COMECE UMA SEQUÊNCIA E DÊ PARA UM COLEGA CONTINUAR.

AS PEÇAS DO CASTELO

PEDRO GOSTA DE FAZER CONSTRUÇÕES USANDO SÓLIDOS GEOMÉTRICOS.

Estúdio Ornitorrinco/Arquivo da editora

- QUANTOS  HÁ NO CASTELO?
- QUANTOS  HÁ NO CASTELO?
- QUANTOS  HÁ NO CASTELO?
- QUANTOS  HÁ NO CASTELO?
- QUANTOS  E  JUNTOS?
- QUAL É O TOTAL DE FIGURAS?

ARTE E FIGURAS GEOMÉTRICAS

NOS LIVROS DE ARTE QUE JOÃO TEM, ELE OBSERVOU QUE MUITOS ARTISTAS USAM FIGURAS GEOMÉTRICAS PARA CRIAR SUAS OBRAS DE ARTE.

OBSERVE A OBRA ABAIXO.

- COM OS COLEGAS, LOCALIZE ESTAS FIGURAS NO QUADRO DO ARTISTA PAUL KLEE.

QUADRADO

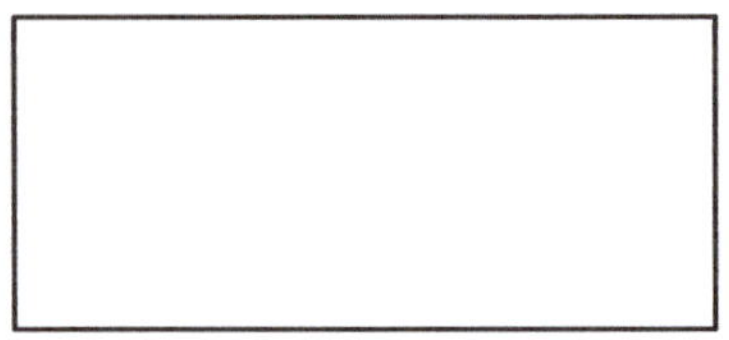

RETÂNGULO

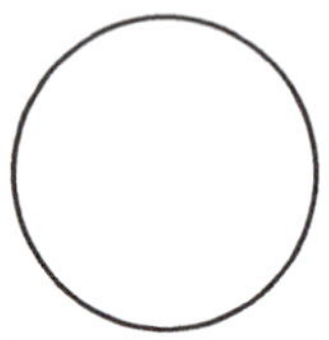

CÍRCULO

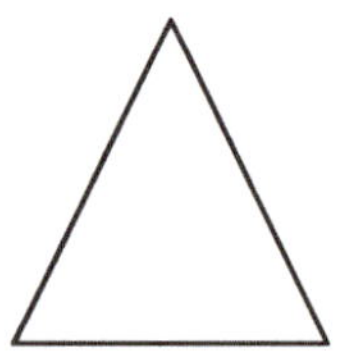

TRIÂNGULO

CASTELO E SOL, DE PAUL KLEE, 1928.

SUGESTÃO DE LIVRO

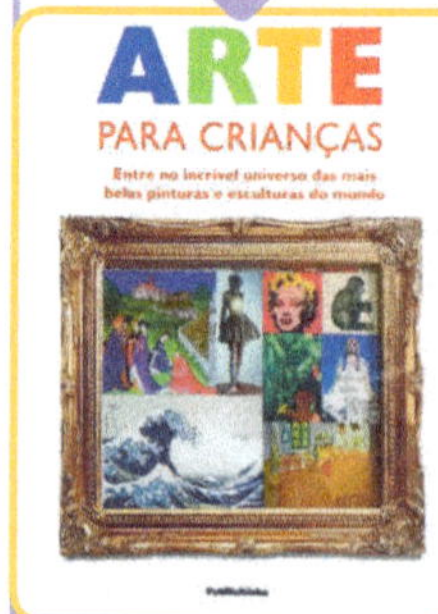

ARTE PARA CRIANÇAS, DE DORLING KINDERSLEY. PUBLIFOLHINHA.

OS BALÕES DE PEDRO

A FESTA DE ANIVERSÁRIO DE PEDRO FOI DECORADA COM MUITOS BALÕES.
OBSERVE AS CORES E AS POSIÇÕES DOS 5 BALÕES.

Estúdio Ornitorrinco /Arquivo da editora

- PINTE A LEGENDA PARA INDICAR A COR DE CADA BALÃO SEGUINDO ESTAS PISTAS:

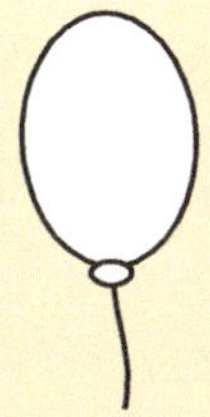 ESTÁ BEM NO MEIO DOS BALÕES QUE PEDRO SEGURA PELO FIO COM A MÃO DIREITA.

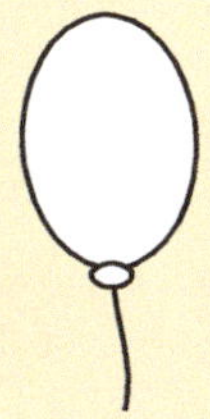 DE TODOS OS BALÕES, É O QUE ESTÁ MAIS ALTO.

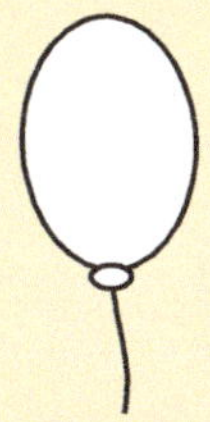 ENTRE OS QUE PEDRO ESTÁ SEGURANDO PELO FIO COM A MÃO DIREITA, É O QUE ESTÁ MAIS PERTO DA CABEÇA DELE.

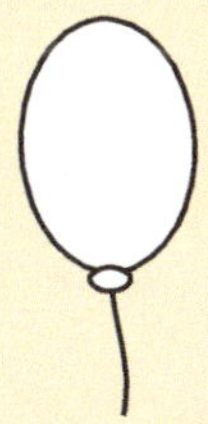 O QUE ESTÁ SENDO SEGURADO PELO FIO COM A MÃO ESQUERDA E AINDA NÃO FOI CITADO.

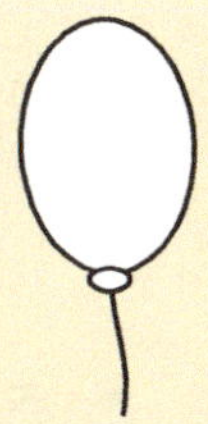 O BALÃO DA COR QUE SOBROU.

QUAL É O LANCHE FAVORITO?

NUNO CONVIDOU OS AMIGOS PARA LANCHAR EM SUA CASA. ANTES PESQUISOU QUAL ERA O LANCHE DE QUE ELES MAIS GOSTAVAM.

EM VEZ DOS RISQUINHOS, ELE COLOU FIGURINHAS PARA MOSTRAR OS VOTOS. VEJA O RESULTADO.

LANCHE FAVORITO	
LANCHE	**VOTOS**

- QUANTAS CRIANÇAS PARTICIPARAM DA PESQUISA? ☐
- QUAL FOI O LANCHE MAIS ESCOLHIDO? MARQUE ✕.  ☐  ☐  ☐
- QUAL FOI O LANCHE MENOS ESCOLHIDO? MARQUE ✕.  ☐  ☐  ☐
- QUANTOS VOTOS O  RECEBEU A MAIS DO QUE O ? ☐

BRINCANDO DE "ALINHAR"

NUNO INVENTOU UMA BRINCADEIRA QUE ELE CHAMOU DE "ALINHAR".

OBSERVE OS EXEMPLOS E CONVERSE COM OS COLEGAS SOBRE COMO FUNCIONA A BRINCADEIRA.

FIGURA INICIAL

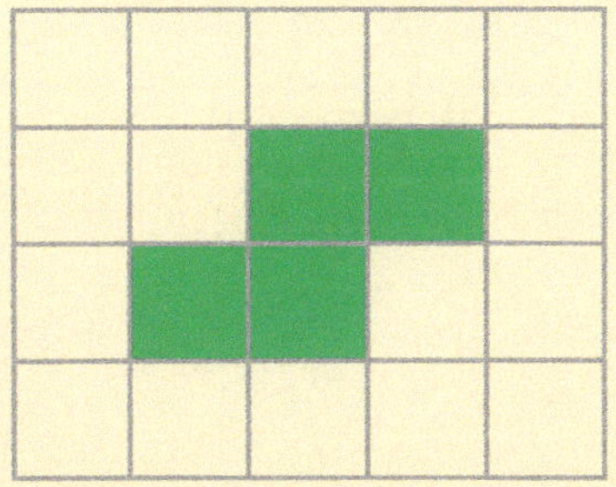

FIGURA "ALINHADA"

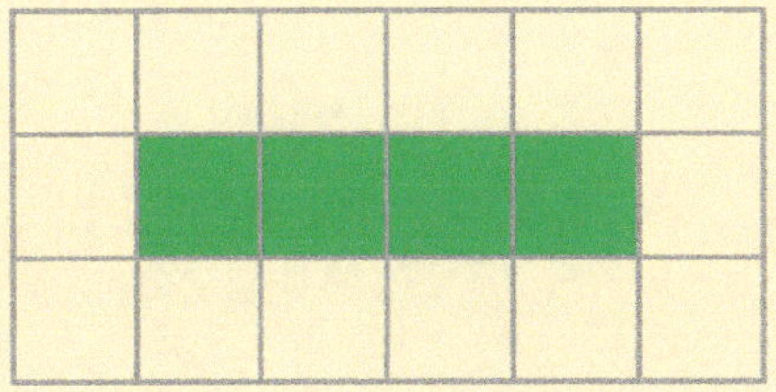

FIGURA INICIAL

FIGURA "ALINHADA"

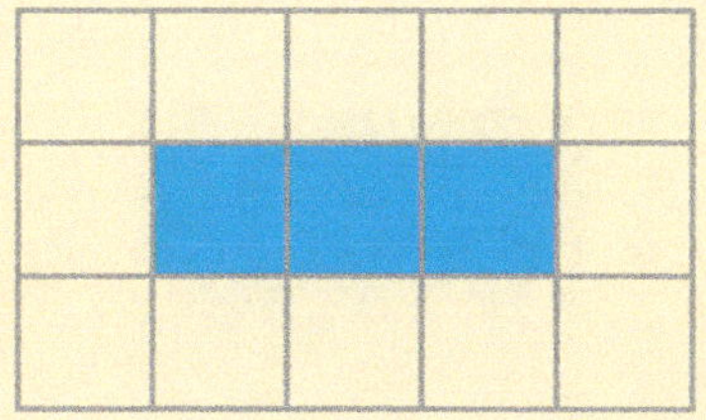

- VAMOS BRINCAR DE "ALINHAR"? DESENHE COMO VAI FICAR CADA FIGURA ABAIXO.

FIGURA INICIAL

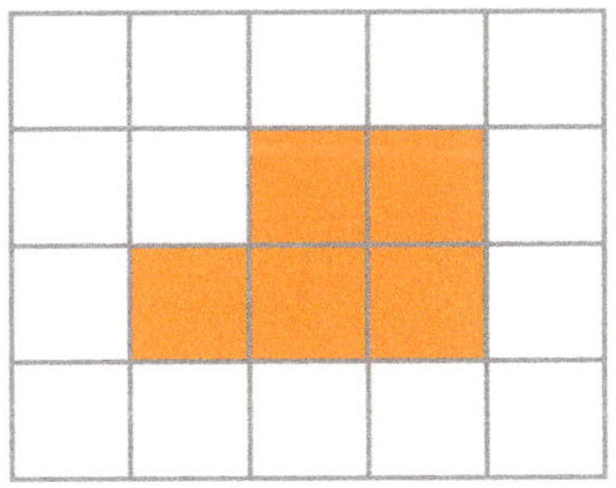

FIGURA "ALINHADA"

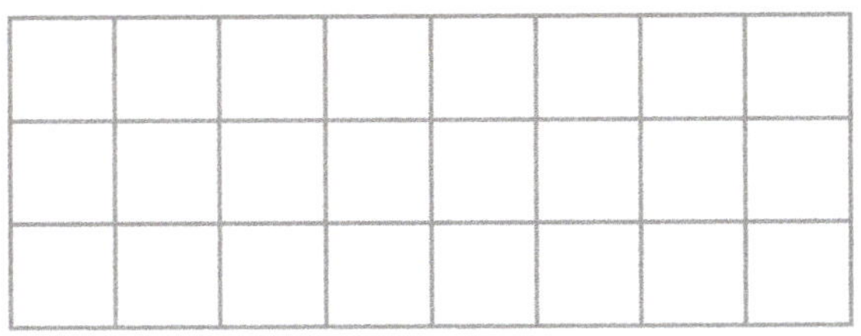

FIGURA INICIAL

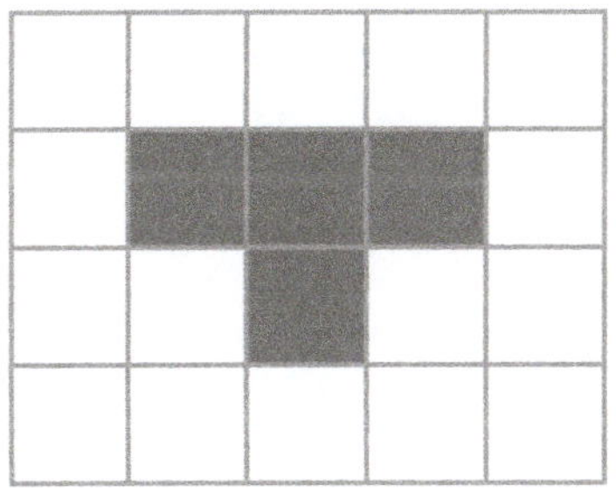

FIGURA "ALINHADA"

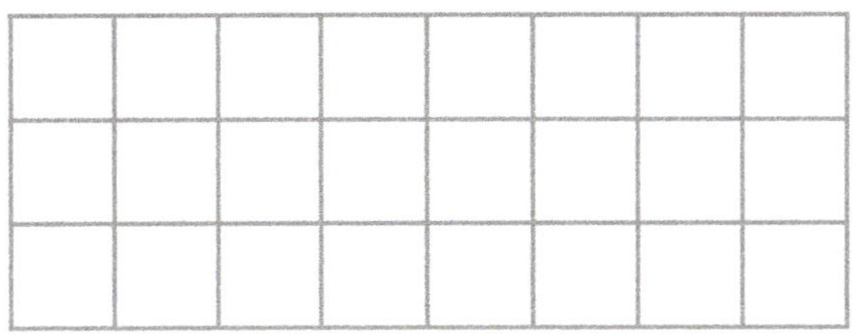

FIGURA INICIAL

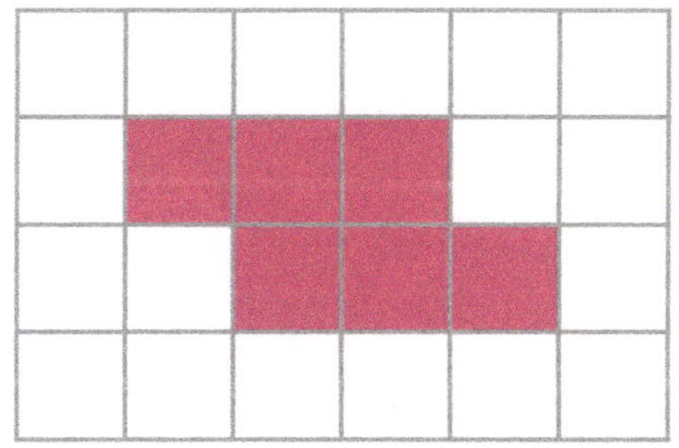

FIGURA "ALINHADA"

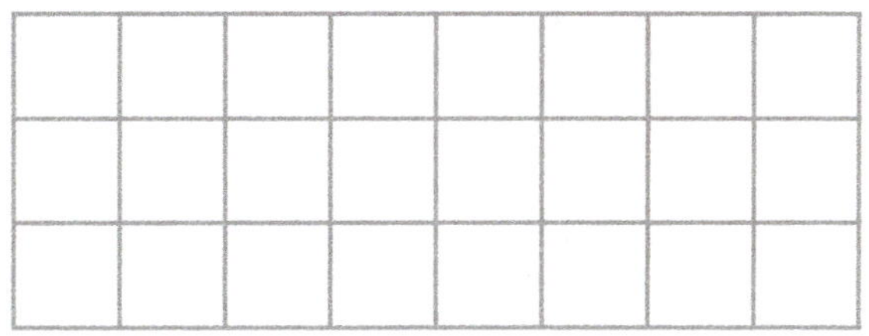

VAMOS INDICAR OS CONTRÁRIOS?

MATERIAL DE APOIO

GABRIEL, PEDRO, NINA E IARA ESTÃO BRINCANDO DE AGRUPAR OS CONTRÁRIOS.

- DESTAQUE AS FIGURAS DA **PÁGINA 13**.
- COLE-AS NOS QUADROS VAZIOS DE MODO QUE OS PARES DE FIGURAS RELACIONEM CHEIO COM VAZIO, DIA COM NOITE, ALTO COM BAIXO E PESADO COM LEVE.

Ilustrações: Estúdio Ornitorrinco/Arquivo da editora

AS PEÇAS DO JOGO DE LUCA E GABRIEL

LUCA E GABRIEL DESENHARAM E RECORTARAM FIGURAS PARA UM JOGO QUE ELES INVENTARAM E AS CLASSIFICARAM COMO PEÇAS GRANDES, MÉDIAS E PEQUENAS.

- REGISTRE NO GRÁFICO AO LADO A QUANTIDADE DE CADA UMA DAS PEÇAS, PINTANDO UM QUADRINHO PARA CADA PEÇA.

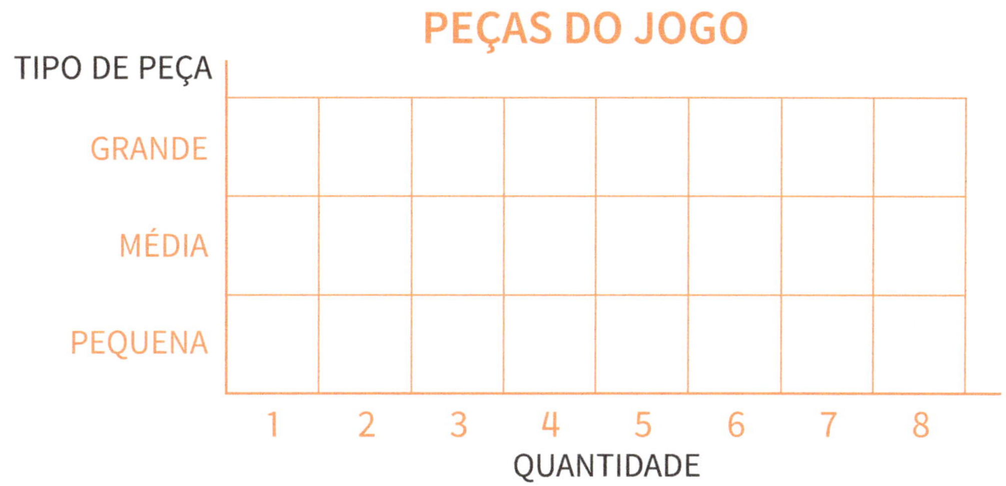

AGORA, RESPONDA COM OS COLEGAS.

- HÁ MAIS PEÇAS GRANDES, MÉDIAS OU PEQUENAS?
- QUAL É O FORMATO DAS PEÇAS PEQUENAS?
- QUAL É O FORMATO DAS PEÇAS GRANDES?
- HÁ QUANTAS PEÇAS GRANDES VERDES?

É PRECISO CUIDAR DO MEIO AMBIENTE!

YURI, IARA, JOÃO E GABRIEL ASSISTIRAM NA TV A UM DOCUMENTÁRIO SOBRE MEIO AMBIENTE. DEPOIS COMENTARAM ALGUMAS CENAS QUE VIRAM.

- LIGUE O COMENTÁRIO DE CADA CRIANÇA À CENA CORRESPONDENTE.

GOSTEI DE VER UMA FLORESTA PRESERVADA E BEM CUIDADA.

ACHEI TRISTE A CENA DA QUEIMADA NA FLORESTA.

ACHEI HORRÍVEL A CENA QUE MOSTROU O RIO POLUÍDO.

QUE BONITA A CENA DE UM RIO COM ÁGUA LIMPA, SEM POLUIÇÃO!

Ilustrações: Estúdio Ornitorrinco/Arquivo da editora

AustralianCamera/Shutterstock

Vova Shevchuk/Shutterstock

Lumppini/Shutterstock

Pakhnyushchyy/Shutterstock

DESCUBRA A DATA

- O DIA EM QUE O IRMÃO DE IARA NASCEU JÁ ESTÁ MARCADO NO CALENDÁRIO. QUAL É?

Ilustrações: Estúdio Ornitorrinco/Arquivo da editora

- NÚMERO DO DIA: ____
- MÊS: ____
- DIA DA SEMANA: ____
- APROVEITE O CALENDÁRIO AO LADO E COMPLETE COM NÚMEROS.

OS DOMINGOS CAÍRAM NOS DIAS

____ , ____ , ____ E ____ .

O CALENDÁRIO

ISA USA O CALENDÁRIO PARA LOCALIZAR DATAS IMPORTANTES.

- OBSERVE ESTE CALENDÁRIO E RESPONDA:

MAIO						
DOM.	SEG.	TER.	QUA.	QUI.	SEX.	SÁB.
	1	2	3	4	5	6
7	8	9	10	11	12	13
14	15	16	17	18	19	20
21	22	23	24	25	26	27
28	29	30	31			

- QUANTOS DIAS TEM O MÊS DE MAIO?
- QUANTOS DOMINGOS HÁ NESSE MÊS?
- E QUANTAS QUINTAS-FEIRAS?
- QUANTOS DIAS HÁ NA PRIMEIRA SEMANA DESSE MÊS?

- CONTORNE A PRIMEIRA SEGUNDA-FEIRA DE **AZUL** E A ÚLTIMA SEXTA-FEIRA DE **VERMELHO**.
- PINTE TODAS AS TERÇAS-FEIRAS DE **LARANJA**.
- MARQUE ✕ NOS DIAS DOS ANIVERSARIANTES DO MÊS DE MAIO.

ONTEM, HOJE E AMANHÃ

LUCA E IARA GOSTAM DESSA BRINCADEIRA: UM DELES FAZ UMA AFIRMAÇÃO E, COM BASE NELA, O OUTRO TIRA DUAS CONCLUSÕES.

PARTICIPE DESSE JOGO. TIRE AS CONCLUSÕES COM BASE NAS AFIRMAÇÕES DE LUCA OU DE JOÃO E, DEPOIS, ESCREVA QUAL É O DIA CITADO EM CADA CONCLUSÃO.

SE HOJE É DIA 6...

ENTÃO...

- AMANHÃ SERÁ DIA ____.
- E ONTEM FOI DIA ____.

SE ONTEM FOI DIA 15...

ENTÃO...

- HOJE É DIA ____.
- E AMANHÃ SERÁ DIA ____.

Ilustrações: Estúdio Ornitorrinco/ Arquivo da editora

SE AMANHÃ SERÁ DIA 20...

ENTÃO...

- HOJE É DIA ____.
- E ONTEM FOI DIA ____.

SE HOJE É DIA 10, UM DOMINGO...

ENTÃO...

- ONTEM FOI DIA ____, UM ____.
- AMANHÃ SERÁ DIA ____, UMA ____.

ANIVERSÁRIOS DA TURMA

OS ALUNOS DA TURMA DE JOÃO FIZERAM UMA PESQUISA E DEPOIS UM GRÁFICO SOBRE OS ANIVERSÁRIOS DA TURMA.

PRIMEIRO, PERGUNTARAM: “QUEM FAZ ANIVERSÁRIO EM JANEIRO?”. DEPOIS, “QUEM FAZ ANIVERSÁRIO EM FEVEREIRO?”, E ASSIM POR DIANTE, ATÉ DEZEMBRO.

- FAÇA A MESMA PESQUISA COM A SUA TURMA.
- PINTE UM QUADRINHO PARA CADA ANIVERSARIANTE DO MÊS.

- EM QUE MÊS HÁ MENOS ANIVERSARIANTES?
- EM QUE MÊS HÁ MAIS ANIVERSARIANTES?
- QUANTOS ALUNOS FAZEM ANIVERSÁRIO EM MAIO?
- QUANTOS ALUNOS PARTICIPARAM DA PESQUISA?

ANIVERSÁRIOS DOS PRIMOS DE NINA

MARIA, RUI E CARLOS SÃO PRIMOS DE NINA E FAZEM ANIVERSÁRIO NO MESMO MÊS. VEJA O QUE NINA AFIRMOU.

Estúdio Ornitorrinco/ Arquivo da editora

MARIA FAZ ANIVERSÁRIO NO DIA 7 DE MAIO. RUI, UM DIA DEPOIS DE MARIA. CARLOS, DOIS DIAS ANTES DE MARIA.

- ESCREVA NO CALENDÁRIO AO LADO O MÊS DOS 3 ANIVERSÁRIOS.
- PINTE DE **AZUL** O DIA DO ANIVERSÁRIO DE MARIA.
- PINTE DE **VERDE** O DIA DO ANIVERSÁRIO DE RUI.
- PINTE DE **LARANJA** O DIA DO ANIVERSÁRIO DE CARLOS.
- ESCREVA O DIA E O MÊS DE CADA ANIVERSÁRIO E LIGUE AO DIA DA SEMANA QUE VAI CAIR, NO ANO DESSE CALENDÁRIO.

MÊS:

D.	2ª	3ª	4ª	5ª	6ª	S.
			1	2	3	4
5	6	7	8	9	10	11
12	13	14	15	16	17	18
19	20	21	22	23	24	25
26	27	28	29	30	31	

MARIA: ____ DE ________.

RUI: ____ DE ________.

CARLOS: ____ DE ________.

- DOMINGO
- 2ª FEIRA
- 3ª FEIRA
- 4ª FEIRA
- 5ª FEIRA
- 6ª FEIRA
- SÁBADO

ADIÇÃO: JUNTAR QUANTIDADES

- OBSERVE AS CENAS E COMPLETE COM O NÚMERO QUE FALTA.

NINA, IARA E ISA VÃO SE JUNTAR AOS COLEGAS PARA UMA BRINCADEIRA.

☐ MENINAS.

YURI, LUCA, GABRIEL E JOÃO ESPERAM POR ELAS.

☐ MENINOS.

Ilustrações: Estúdio Ornitorrinco/Arquivo da editora

AO TODO SÃO ☐ CRIANÇAS. AGORA A BRINCADEIRA JÁ PODE COMEÇAR!

JUNTANDO DINHEIRO

IARA E MARIANA VÃO JUNTAR MOEDAS PARA COMPRAR PICOLÉS.

- ESCREVA O NÚMERO QUE REPRESENTA A QUANTIDADE DE MOEDAS DE CADA GRUPO PINTADO DE **AZUL**. DEPOIS, ESCREVA O TOTAL NO GRUPO **AMARELO**.

☐ REAIS + ☐ REAIS = ☐ REAIS

☐ REAIS + ☐ REAIS = ☐ REAIS

Imagens: Reprodução/Casa da Moeda do Brasil/Ministério da Fazenda

ESTRATÉGIA PARA FAZER A ADIÇÃO

IARA E MARIANA VÃO JUNTAR QUANTIDADES E INDICAR A ADIÇÃO. FAÇA VOCÊ TAMBÉM.

OBSERVE ESTE EXEMPLO: QUANTO É 5 + 2?

FAÇO 5 RISCOS. DEPOIS, FAÇO MAIS 2 RISCOS.

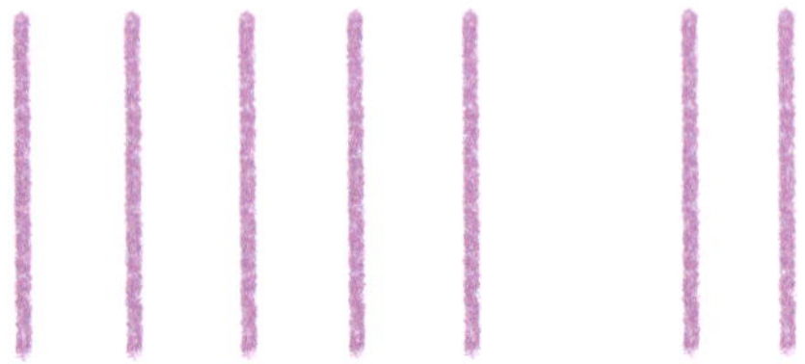

AO TODO, FIZ 7 RISCOS.

5 + 2 = 7

- QUANTO É 6 + 3?

FAÇO 6 BOLINHAS. DEPOIS, FAÇO MAIS 3 BOLINHAS.

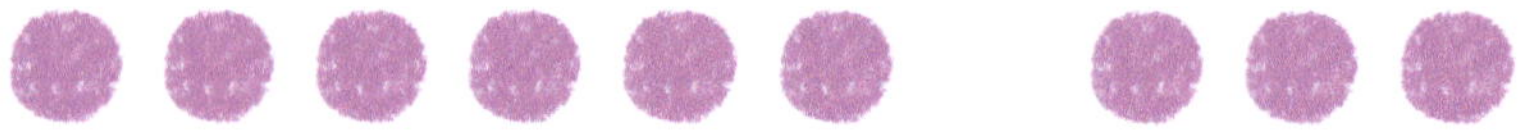

AO TODO, FIZ ___ BOLINHAS.

___ + ___ = ___

HAVIA 3 PATINHOS NADANDO. CHEGARAM MAIS 2.

Estúdio Ornitorrinco/ Arquivo da editora

- QUANTOS FICARAM NO TOTAL?

___ + ___ = ___

- QUAL É O RESULTADO DE 3 + 4? FAÇA COMO QUISER.

___ + ___ = ___

NÚMEROS ATÉ 50

NUNO OBSERVOU DOS NÚMEROS DE 1 ATÉ 50 E VERIFICOU O SEGUINTE:

DEPOIS DO 9 VEM O 10 (**DEZ**)

DEPOIS DO 19 VEM O 20 (**VINTE**)

DEPOIS DO 29 VEM O 30 (**TRINTA**)

DEPOIS DO 39 VEM O 40 (**QUARENTA**)

DEPOIS DO 49 VEM O 50 (**CINQUENTA**)

- COMPLETE A SEQUÊNCIA DOS NÚMEROS DE 1 ATÉ 50 NO QUADRO.

1	2	3	4	5	6	7	8	9	10
11	12	13	14	15				19	20
21	22	23						29	30
			34					39	40
					46			49	50

VAMOS BRINCAR DE TRILHA?

MATERIAL DE APOIO

REGRAS

1. JUNTE-SE A UM COLEGA E ESCOLHAM SEUS MARCADORES.
2. DESTAQUEM O TABULEIRO DA **PÁGINA 15**.
3. PARA JOGAR, LANCEM O DADO. QUEM TIRAR O MENOR NÚMERO COMEÇA O JOGO.
4. O PARTICIPANTE DEVE JOGAR O DADO E MOVER O MARCADOR NO TABULEIRO A QUANTIDADE DE CASAS CORRESPONDENTE AOS PONTOS QUE TIROU.
5. SE A CASA QUE O MARCADOR PARAR FOR COLORIDA, A ORIENTAÇÃO INDICADA DEVE SER SEGUIDA NA MESMA RODADA.
6. GANHA O JOGO QUEM ATINGIR A CHEGADA PRIMEIRO.

Estúdio Ornitorrinco/Arquivo da editora

MATERIAL DE APOIO

FORMANDO GRUPOS COM A TURMA DE YURI

FIGURAS PARA A ATIVIDADE DA **PÁGINA 8** DO LIVRO.

MESMO SENTIDO E SENTIDOS CONTRÁRIOS

FIGURAS PARA A ATIVIDADE DA **PÁGINA 22** DO LIVRO.

Ilustrações: Estúdio Ornitorrinco/ Arquivo da editora

VAMOS DESTACAR E COLAR?

FIGURAS PARA A ATIVIDADE DA **PÁGINA 50** DO LIVRO.

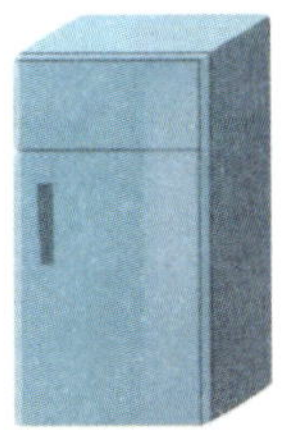

Ilustrações: Estúdio Ornitorrinco/ Arquivo da editora

HORA DO JOGO E DA BRINCADEIRA – JOGO DAS FIGURAS PLANAS

FIGURAS PARA A ATIVIDADE DA **PÁGINA 58** DO LIVRO.

QUE HORAS SÃO?

PEÇAS PARA A ATIVIDADE DA **PÁGINA 72** DO LIVRO.

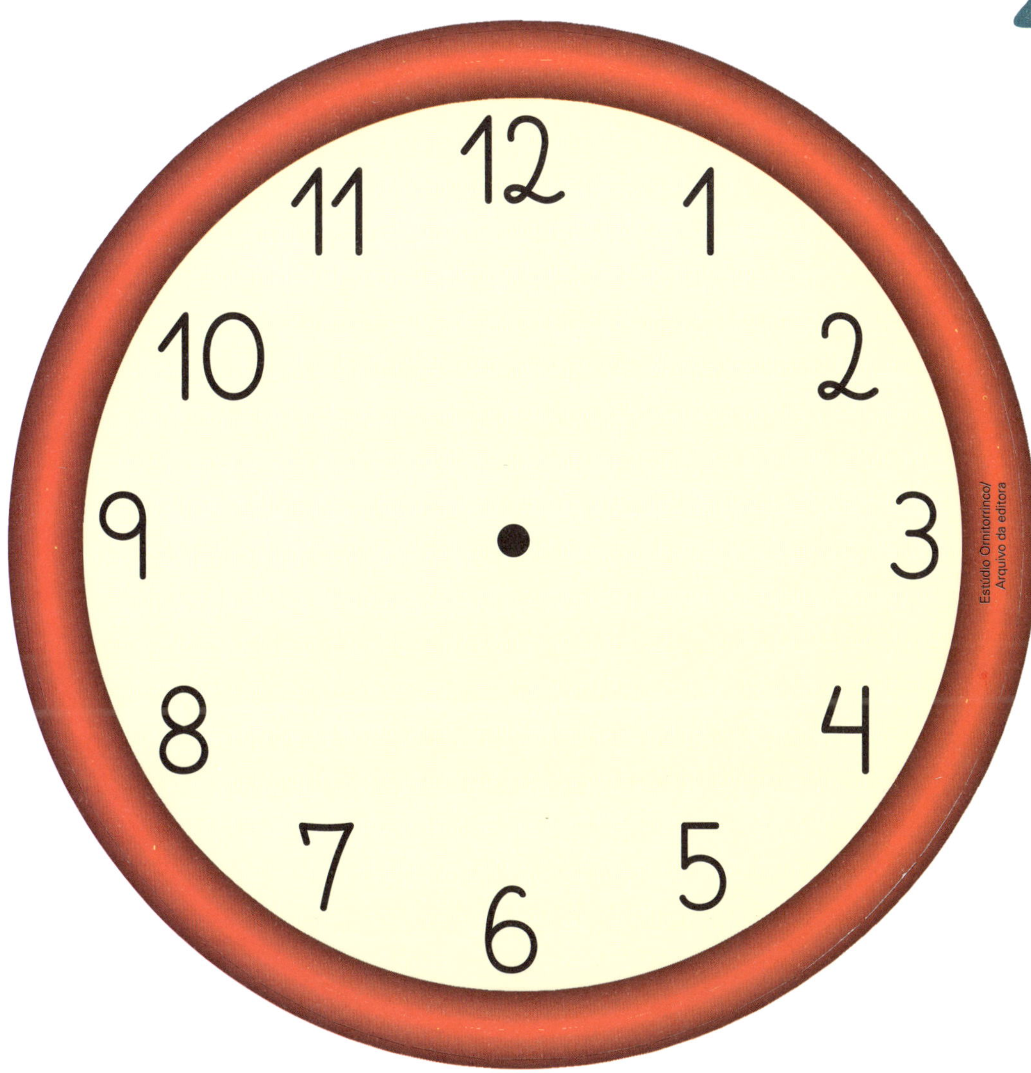

Estúdio Ornitorrinco/Arquivo da editora

VAMOS ENCAIXAR E COLAR?

FIGURAS PARA A ATIVIDADE DA **PÁGINA 78** DO LIVRO.

Ilustrações: Estúdio Ornitorrinco/ Arquivo da editora

MEDIDAS DE COMPRIMENTO

CLIPES PARA A ATIVIDADE DA **PÁGINA 93** DO LIVRO.

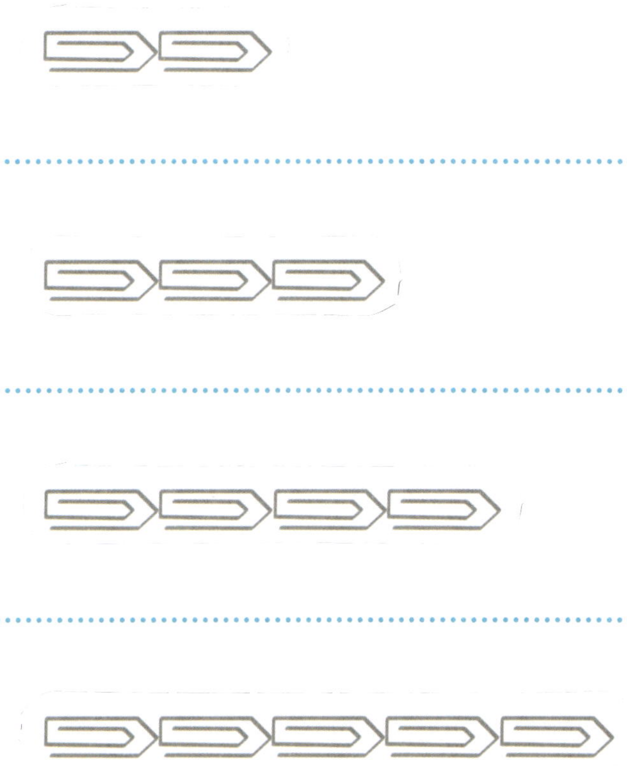

HORA DO JOGO E DA BRINCADEIRA – JOGO DAS CORES SECUNDÁRIAS

CARTAS PARA A ATIVIDADE DA **PÁGINA 102** DO LIVRO.

A
QUAL CASA NÃO É A MAIS ALTA NEM A MAIS BAIXA?

D
QUAL VELA NÃO É A MAIS GROSSA NEM A MAIS FINA?

B
QUAL AZULEJO TEM O MESMO TAMANHO DO AZULEJO VERDE?

E
QUAL ESTRELA TEM O FORMATO DIFERENTE DAS OUTRAS DUAS?

C
QUAL CAMISETA NÃO É A MAIS LARGA NEM A MAIS ESTREITA?

F
QUAL BALÃO NÃO É O MAIOR NEM O MENOR?

AS FIGURINHAS DE GABRIEL E PEDRO

FIGURINHAS PARA A ATIVIDADE DA **PÁGINA 117** DO LIVRO.

Ilustrações: Estúdio Ornitorrinco/Arquivo da editora

SEPARANDO FIGURAS

FIGURAS PARA A ATIVIDADE DA **PÁGINA 120** DO LIVRO.

VAMOS INDICAR OS CONTRÁRIOS?

FIGURAS PARA A ATIVIDADE DA **PÁGINA 132** DO LIVRO.

Ilustrações: Estúdio Ornitorrinco/Arquivo da editora

HORA DO JOGO E DA BRINCADEIRA – VAMOS BRINCAR DE TRILHA?

TABULEIRO PARA A ATIVIDADE DA **PÁGINA 144** DO LIVRO.

Estúdio Ornitorrinco/ Arquivo da editora